《破解科学》系列

太空的探索与开发

丛书主编 杨广军

丛书副主编 朱焯炜　章振华　张兴娟

徐永存　于瑞莹　吴乐乐

本册主编 朱焯炜

本册副主编 张秀梅

天津人民出版社

图书在版编目（CIP）数据

太空的探索与开发 / 朱焯炜主编. —天津：天津人民出版社，2012.5

（巅峰阅读文库. 破解科学）

ISBN 978-7-201-07546-4

Ⅰ. ①太… Ⅱ. ①朱… Ⅲ. ①空间探索—普及读物

Ⅳ. ①V11-49

中国版本图书馆 CIP 数据核字（2012）第 099589 号

天津人民出版社出版

出版人：刘晓津

（天津市西康路 35 号　邮政编码：300051）

邮购部电话：（022）23332469

网址：http://www.tjrmcbs.com.cn

电子信箱：tjrmcbs@126.com

北京一鑫印务有限公司印刷　新华书店经销

2012 年 5 月第 1 版　2012 年 5 月第 1 次印刷

787×1092 毫米　16 开本　12 印张

字数：220 千字

定　价：23.80 元

卷 首 语

　　太空探索是人类利用航天器和太空探测仪器研究、开发近地空间和宇宙的科学实践活动。自20世纪60年代苏联宇航员加加林乘"东方1号"飞船首次遨游太空以来，人类在太空探索领域取得了巨大成就。本书全面、真实、生动地展现了20至21世纪人类在太空探索与开发方面取得的辉煌成就，能让读者体会到科学的发展永无止境。航天员在太空吃什么？国际空间站是如何建成的？哈勃太空望远镜有哪些丰功伟绩？人类为何要登上月球？中国航天员是如何培养出来的？是谁开启了太空旅游之梦，他是如何遨游太空的？凡此种种，都被作者用生动的语言娓娓道来，太空探索开发之旅原来是如此地充满惊奇与美妙。

目　录

飞向太空——太空探索面面观

冲出地球村——载人航天 ……………………………………… (3)

太空千里眼抗震显身手——人造卫星 ………………………… (8)

人类太空基地——国际空间站 ………………………………… (13)

太空中的幽灵——太空垃圾 …………………………………… (18)

星球大战——军用太空未来纵观 ……………………………… (24)

地球的好伙伴——月球探秘 …………………………………… (28)

地球以外——太阳系其他星体的探索 ………………………… (34)

太阳系"掌门人"——"尤利西斯"的发现 ………………… (39)

古老谜团终获答案——宇宙是怎样形成的？ ………………… (42)

太空中的眼睛——空间望远镜和探测器见闻

"机遇号"和"勇气号"——火星探访 ……………………… (49)

从"伽利略号"到"朱诺号"——揭开木星的神秘面纱 ………… (53)

太空慧眼——哈勃太空望远镜 ………………………………… (58)

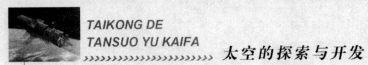
寻找黑洞和超新星——钱德拉太空望远镜 …………… (64)

寻找高能伽马射线——康普顿太空望远镜 …………… (68)

揭开暗物质的神秘面纱——费米伽马射线太空望远镜 …… (72)

穿透星际气体和尘埃——斯皮策太空望远镜 …………… (74)

探求宇宙的起源——威尔金森微波各向异性探测器 …… (80)

千年飞天梦——中国太空探索之旅

千年飞天梦——古代太空探索历程 ………………… (87)

飞天揽月——嫦娥系列卫星 …………………………… (91)

五星红旗飘在太空——"神舟号"无人试验飞船 …… (95)

载人航天的突破——"神舟五号"、"神舟六号"飞船 …… (99)

中国人走出太空第一步——"神七"出舱全记录 …… (103)

我要飞得更好——太空神箭传奇 …………………… (106)

中国探索计划大动作——"天宫一号" ……………… (113)

太空探索之趣——航天轶事

首位太空游客飞向太空——开启太空旅游之梦 ……… (119)

航天必备——太空时装秀 …………………………… (123)

漂浮的日子——航天员在太空的生活 ……………… (128)

亲临太空——航天员的轨道 ………………………… (135)

敢为天下先——航天动物们在太空 ………………… (140)

一门新兴学科——太空医学 ………………………… (144)

造福人类——太空育种产品 ………………………… (148)

我送速递到太空——太空邮局 ……………………… (150)

太空为我所用——太空开发漫谈

宇宙的恩赐——太空资源 ……………………………………（155）

"星球大战"重酝酿—— 各国太空开发竞争再次起跑 …………（162）

绿色能源——如何利用太空太阳能 …………………………（167）

太空行走的无穷动力——引入核能技术 ……………………（171）

未来新家园——移居太空 ……………………………………（175）

向月球吹起了进军的号角——月球登陆面面观 ……………（180）

飞向太空

——太空探索面面观

　　随着科学的发展，人类的足迹已经不再局限于地球，越来越多的飞行器正承载着人类的希望飞向太空。本章内容展现了人类在飞往太空的路途上所经历的突破、挫折和奋起。从古人肉眼望天到火箭冲破地球的引力飞向天空，人类正把各种各样的卫星探测器发向遥远的太空。40多年来，多样的探索工具把人类送入广袤的太空。宇宙中自从有了人类的身影，不知道又发生了多少有意义和有意思的事情啊。

冲出地球村——载人航天

随着科学的发展，现有的空间和有限的资源已经不能满足人类的需求，人们不再把眼光局限于我们生活的蓝色星球，人类想要开发更远、更广阔的天地。人类何时冲出了地球村？何时像小鸟一样在天空中自由地翱翔？人类怎样遨游太空？哪里才是我们的目的地？所有的秘密都等待一一揭晓。

◆载人航天器

载人航天器的诞生

从古代开始，人类就一直渴望能够像小鸟一样飞翔。直到今日实现了飞行梦想，这一路曲折而又漫长。许多科学家付出了毕生的心血，终于实现这一梦想。飞机诞生了，宇宙飞船诞生了！人类离开大地的第一步要追溯到1908年。1908年莱特兄弟发明了飞机，飞机载着两兄弟像展翅的雄鹰一样飞翔在天空，人类多年的梦想

◆莱特兄弟

>>>>>>>>>>>>>>>>>>>>>> **太空的探索与开发**

◆莱特兄弟驾驶的飞机首次飞行

终于实现，人们为之欢呼雀跃。此后，人类飞行的脚步一直没有停止。直到有一天，人类不再满足于在地球上飞翔，他们想要冲出地球，看看我们置身的太空究竟是什么样子的，于是人类先派出了自己的使者"航天器"出去打探虚实。随着航天器发射的成功，人类跃跃欲试，想要亲自去一探究竟。如果说航天望远镜是人类观测宇宙的"眼睛"，那么载人航天器就是人类遨游太空的"坐骑"。

　　载人航天器突破了传统的人造卫星等不载人航天器，它的特点在于能够满足人类在太空的生活和工作。它就像是一个太空避难所，里面有适合人类生存的一切条件，有适合的温度和湿度，有水，有食物及生活设施，还有人类工作所需要的操作仪器和实验设备，显示系统能即时显示航天器工作状态的数据。此外航天器还具有天地通信功能，航天器中的人能够与地面控制中心打电话，人们在其内的工作和生活非常舒适，它就像是人类在太空的一个家。

人 物 志

莱特兄弟

　　威尔伯·莱特和奥维尔·莱特兄弟生于 1871 年 8 月 19 日。他们于1909 年创办了"莱特飞机公司"，因此获得美国国会荣誉奖。威尔伯·莱特于 1912 年 5 月 29 日逝世，年仅 41 岁。此后，奥维尔·莱特独自奋斗 30年，使莱特飞机公司的资金高达百亿美元，成为世界著名的飞机制造商。奥维尔·莱特于 1948 年 1 月 3 日逝世。

链接：载人航天器的分类

　　人类是乘坐载人航天器摘星揽月的。根据飞行和工作方式的不同，载人航天器可分为载人空间站、载人飞船和航天飞机三类。

载人空间站又称为航天站或轨道站，它的空间相对较大，可供多名航天员居住和工作。

载人飞船按运行范围分为卫星式载人飞船和登月载人飞船，按承载人数分为单人式飞船和多人式飞船。

航天飞机是一种能重复使用的运载器。既可作为载人飞船，还能作为空间站进行航天活动。

载人航天活动

人类梦想着更好地认识整个宇宙，更广泛和深入地认识地球及其周围的环境，于是带着好奇，带着疑问，人类终于突破了地球的引力，把活动空间从陆地、大气层和海洋扩展到神秘浩渺的太空。人类充分利用太空，通过载人航天器在宇宙进行各种各样的研究活动和试验，还积极开发太空中极其丰富的太空资源。人类驾驶和乘坐载人航天器在太空进行各种探测、研究、试验、生产和军事的往返飞行活动，叫做载人航天。

◆美国航天飞机

◆载人航天

自从第一个进入太空的苏联航天员加加林在 1961 年 4 月 12 日乘坐"东方 1 号"飞船绕地球轨道飞行一圈以来，载人航天大致经历了三个阶段：

第一个阶段主要达到把人送入地球轨道并安全返回的目的。

　　科学家为了验证载人航天系统的安全性和可靠性，首先发射了生物卫星和不载人的飞船，获得成功后才发射了载人飞船。航天员在飞行中能完成姿态调整、手控定向、观测地球和摄影等活动，并开展了科学研究，主要集中在医学、生物学等试验领域。第一阶段的载人航天证实了人在过载、失重、真空和强辐射等恶劣环境下不仅能够生存，而且还能有效地工作。这给航天事业的进步带来了更大的信心和希望。

　　第二阶段主要是发展载人航天的基本技术。

　　载人航天的基本技术主要有：飞船的轨道机动飞行，航天员出舱活动的设备和能力，两艘飞船在空间交会、对接以及编队飞行，同时航天员也进行其他科学研究工作。

　　第三阶段主要是发展实验性航天站。

　　这是为了进一步考察人类能否在太空环境里长期生活和工作，能否利用空间的独特环境从事科研和应用实验，同时也为建立实用航天站积累经验。参加这一阶段活动的有供航天员长期生活和工作的航天站，有运送航天员并能返回地球的载人飞船，也有供应航天站燃料和航天员生活必需品的运货飞船。要获得这三个阶段工作的成功，各个国家必须联合起来，共同奋斗和拼搏。

小 知 识

　　载人航天由载人航天系统实施，载人航天系统由运载器、载人航天器、航天器发射场和回收设施、航天测控网等组成，有时还包括其他地面保障系统（如航天员训练设施和地面模拟设备）。

知 识 窗

载人航天事故

　　在不断试验的过程中，也曾出现了一些重大的载人航天事故，最让人们刻骨铭心的事故要数 1967 年 1 月 27 日当"阿波罗号"飞船在肯尼迪角进行例行试验时，因飞船突然着火，3 名航天员牺牲。但是事故并不能阻挡人类继续前进的脚步，有更多的人为这一伟大事业前仆后继。

广角镜——载人航天发展大事记

　　说到人类载人航天新纪元的开创，就要说到苏联航天员加加林，他在 1961 年 4 月 12 日乘坐世界上第一艘载人飞船"东方 1 号"，环绕地球飞行了 108 分钟。

　　在加加林进入太空的 8 年后，人类载人航天和空间探索再次取得重大突破。美国航天员奥尔德林和阿姆斯特朗乘坐"阿波罗 11 号"登月飞船成功地登上月球。

　　从 20 世纪 70 年代起，载人航天历史的发展进入以空间站为主体的研究、试验新阶段。1971 年，苏联发射了第一个空间站"礼炮号"。空间站是发展航天技术、开发利用宇宙空间的基础设施，与载人飞船相比，空间站容积大、载人多、寿命长，可综合利用。

　　美国也在 1981 年发射了世界上第一架航天飞机"哥伦比亚号"，而后"挑战者号"、"发现号"、"亚特兰蒂斯号"和"奋进号"航天飞机相继被送入太空并为人类服务。

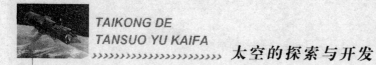
太空千里眼抗震显身手
——人造卫星

之前我们已经了解了什么是载人航天，什么是航天器，其中我们最熟悉的航天器应该就是人造卫星了。人造卫星发射数量约占航天器发射总数的 90% 以上，是发射数量最多、发展最快、用途最广的航天器。那么什么是人造卫星呢？人造卫星有哪些特征，又有哪些用途呢？让我们携手从了解卫星开始吧。

◆卡通人造卫星

卫星的分类

◆太阳系

卫星分为人造卫星和天然卫星。天然卫星是指环绕行星运转的星球。例如在太阳系中，太阳是恒星，地球及其他行星环绕太阳运转，月亮、土卫一、天卫一等星球则环绕着地球及其他行星运转，这些星球就叫做行星的天然卫星。

人造卫星顾名思义就是非天

然形成的卫星。人造卫星按用途来讲可以分为三类，一类是科学卫星，一类是应用卫星，还有一类是实验卫星。

天然卫星

月球是地球的天然卫星。月球为什么总能绕着地球转？这是因为月球绕地球运转所产生的离心力刚好等于地球的引力，两个力平衡使月球既无法挣脱地球的引力，也不会被地球"吸过去"。那么月球是不是地球唯一的天然卫星呢？月球是从什么时候成为地球的卫星的？这些答案还有很多争议。科学家在 2002 年 10 月曾发现一颗命名为"2002 AA29"的小行星，它的直径大约 60 米，运行的轨道与地球非常接近，它受地球和太阳的共同作用力。科学家预计 600 年后这颗小行星有可能成为一颗遥远的准卫星，像月球一样围绕地球飞行。另外一颗准卫星在 2003 年由美国天文学家发现，并将其命名为"2003 YN107"，它环绕太阳飞行并围绕地球运转。这就意味着地球可能并非只有一个真正的天然卫星。

小知识

月亮"主宰"着地球上的许多自然现象。当月亮接近地球的时候，会出现涨潮、火山爆发和地震等现象。

人造卫星

人造卫星是指用运载火箭发射到高空并使其沿着一定轨道环绕地球运行的宇宙飞行器，是人造地球卫星的简称。人造卫星最大的特点是居高临下，俯视面大，能够对地球进行全方位观测。它的外貌千姿百态，科学家把它设计成球形、多面形、棱柱形、圆柱形，还有像哑铃、蝴蝶

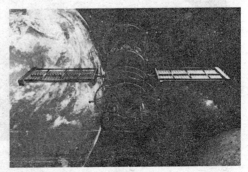

▶人造卫星

和皇冠等形状的。人造卫星对完成通信、导航、侦察等任务具有其他手段无法比拟的优势。这是因为一颗运行在赤道上空轨道的卫星可以覆盖地球表面 1.63 亿平方千米的面积，是一架 8000 米高空侦察机覆盖面积的 5600 多倍。

人造卫星的外形五花八门，各具特色，它们有的是圆柱体，有的是锥体，有的是多面体，有的像车轴，还有的像一只大鸟，苏联发射的第一颗人造卫星就是球形的。

人造地球卫星按用途通常分为科学卫星、应用卫星和实验卫星。科学卫星可以用来进行科学探测和研究；实验卫星一般被用来进行新技术试验或为应用卫星进行先期试验；应用卫星是直接为军事目的和国民经济服务的。1957 年苏联向太空发射了世界第一颗人造卫星，随后人类向浩瀚的宇宙中发射了大量的卫星，月球有了跟它一起绕地球运转的兄弟姐妹，它们组成了一个卫星大家庭。

◆2007 年 11 月 7 日，日本公开"月亮女神"卫星拍摄的月球表面照片

小贴士——人造卫星的组成

◆美国第一颗人造卫星

专用系统和保障系统组成了人造卫星工程系统。专用系统与卫星所执行的任务直接有关。应用卫星的专用系统按卫星的各种用途分为遥感器、通信转发器、导航设备等。实验卫星的专用系统则是各种新技术、新原理、新仪器设备、新方案和新材料的试验设备。科学卫星的专用系统则是各种空间天文探测、物理探测等仪器。保障系统也称为服务系统，是指保障卫星和专用系统在空间正常工作的系统，主要有电源系统、结构系统、姿态控制系统、热控制系统和轨道控制系统、无线电测控系统等。对于返回卫星，还有返回着陆系统。

人造卫星发展历程大事记

◆苏联第一颗人造卫星模型

世界上第一颗人造地球卫星在 1957 年 10 月 4 日由苏联成功发射。这是个球形体，直径 58 厘米，重 83.6 千克。这颗卫星的运行轨道和赤道平面之间所形成的倾斜角是 65 度，每转一周的时间是 1 小时 35 分钟。这颗卫星内装两部不断放射无线电信号的无线电发报机，随时和地球上的接收器保持联系。第一颗人造地球卫星的发射开启了人类向太空进军的序幕，激发了世界各国研制和发射卫星的热情。

1958 年 1 月 31 日，第一颗"探险者"1 号人造卫星在美国发射成功。这

◆ "东方红一号" 绕地球飞行效果图

颗卫星是锥顶圆柱形，高 203.2 厘米，直径 15.2 厘米，重 8.22 公斤，运行周期为 114.8 分钟。

法国也在 1965 年 11 月 26 日发射了第一颗 "试验卫星 1（A—1）号" 人造卫星。该卫星重约 42 公斤，运行周期 108.61 分钟。

中国自行设计、制造的第一颗人造地球卫星 "东方红一号" 由 "长征一号" 运载火箭在 1970 年 4 月 24 日发射成功。该卫星直径约 100 厘米，重 173 公斤，绕地球一周为 114 分钟。

1971 年 10 月 28 日，英国成功地发射了第一颗人造卫星 "普罗斯帕罗" 号。该卫星重约 66 公斤，运行周期 105.6 分钟。它的主要任务是试验各种技术和新发明。它还携带微流星探测器，用以测量地球上层大气中这种宇宙尘高速粒子的密度。

除上述国家外，加拿大、澳大利亚、意大利、德国、西班牙、荷兰、印度和印度尼西亚等国也在准备自行发射或已经委托别国发射了人造卫星。

广角镜——抗震千里眼

地震给人类与社会带来了极大的危害，近几年来地球上地震频发。人造卫星在抗震方面又能给我们带来什么惊喜呢？日本科学家发明了一种方法，可以监视地球板块运动。他们在水下 2000 米的海槽上安装了发射信号系统，通过海上接收信号船的中转，再发射到人造卫星上，利用卫星的全球测位功能，可以密切监视海底板块的移动，这些关于地震的信息可以为人类预报地震提供参考，将灾难的危害减到最低。

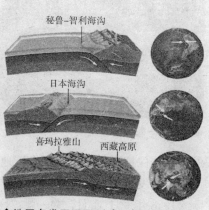

秘鲁-智利海沟

日本海沟

喜玛拉雅山　西藏高原

◆地震多发区不同形式的板块碰撞

人类太空基地——国际空间站

载人航天的最终目的是探索并改造其他星球，将其变为适合人类居住的地方。人类可以逐步飞出地球，向其他星球开展移民活动，保证人类社会的可持续发展。建造国际空间站是这个过程中人类迈出的关键性的一步。什么是国际空间站呢？它有什么用途呢？它是怎样工作的呢？让我们一起来了解吧！

◆ "国际空间站"近影示意图

造价最昂贵的"建筑"

◆执行 STS－88 任务的美国宇航局开始建造国际空间站

1983 年，美国总统里根首先提出国际空间站的设想，他想要建造迄今为止最大的载人空间站。当然这必须在世界各国密切合作的基础上才能实现。这可以算得上是世界上最昂贵的"建筑"了。而后，经过了将近十年的不断探索和多次重新设计，直到 1993 年设计才真正完成并开始实施。

国际空间站最基本的工程有加压舱、热能调节器和太阳能电池板三大部分，总体预算达 700 亿英镑（约合 9800 亿人民币），这是人类历史上最

太空的探索与开发

昂贵的"建筑"。以美国、俄罗斯为首，一共有 16 个国家参与开发与研制空间站，包括加拿大、日本、巴西和欧洲国家等。空间站可载 6 人，预计寿命为 10～15 年，总质量约有 423 吨，长 108 米，翼展 88 米，运行轨道的高度为 397 千米。国际空间站就相当于太空中的一个小窝，一个避风港，它规模宏大，结构复杂。在那里，航天员可以生活和进行科研活动。国际空间站是进行火星及其以外的太阳系探索的关键平台，是有史以来最雄心勃勃的太空项目。随着各国的共同努力，经过十几年的发展，空间站已经围绕地球旋转 5 万余周，已经从只相当于一个房间的小公寓住宅变成一个三居室住宅，它接待了来自十几个国家的 100 多名来客。

背靠地球的空间站

随着国际空间站和各国空间站的建成、使用和太空旅游的开展，太空将成为人类往来的新场所，人类有可能在太空建造大型空间系统，例如永久性航天港、空间工厂、太阳能电站等，并促使科学技术产生新的突破。这将为解决人类面临的能源、生态、环境和人口等问题开辟多种新途径。

世界科技与智慧结晶

1998 年 11 月 20 日，俄罗斯的"质子"火箭将曙光舱送入轨道，它是空间站的"地基"，为建设空间站打下了基础。

> 空间站由居住舱、服务舱、实验舱、桁架、对接过渡舱、太阳能电池等部分组成。

美国在 2008 年 3 月 26 日使用"奋进号"航天飞机为国际空间站送去一个日本实验室和一个两臂机器人，"奋进号"航天飞机多次成功执行任务，为人类航空史作出了杰出的贡献。这两项重大工作的完成标志着国际空间站建设进入了一个新阶段。

十几年来，人类已经进行了 30 多次无人飞行，40 余次

◆曙光号功能货舱靠近空间站

载人航天飞行，更多的空间站使用设备，如太空舱、太阳能电池板、补给品、支持设备以及数百名宇航员被送往国际空间站，宇航员来自 167 个国家。目前国际空间站的大小相当于一个美国标准橄榄球场，建设接近于完成。国际空间站在 2010 年 7 月 5 日进入"暮色地带"，世界许多地方的天文爱好者可以观测到这个轨道实验室，这是前所未有的。国际空间站的科学价值也是其他航天飞行器所无法替代的，它能给研究生物技术、生命科学、材料科学、流体物理、航天医学、燃烧科学等提供优越条件，这些条件比地球上好得多，部分是地球上无法提供的，这些都直接促进科学的发展。

趣谈笑说

　　承载着人类诸多梦想的"太空基地"的产生和我们美好的向往有着不小的出入，甚至在某种程度上它还是"冷战"的产物呢。

　　1984年1月，时任美国总统里根批准著名的"星球大战计划"，而这个以太空竞争为目的的军备竞赛随着苏联的解体最终演变成了后来的国际空间站项目。

褒贬不一的声音

◆法国建筑师设计了一艘未来版"诺亚方舟"，它犹如一朵巨大的百合花盛开在海面上，可供万人同时居住

　　空间站的建设问题引起了科学界的争论。有人认为国际空间站计划抑制了其他更有意义的计划的执行，是在浪费时间和金钱。有人担心耗资巨大的国际空间站极可能未老先衰，等到完全建完后设计寿命就到了。2004年，美国总统小布什宣布了美国的新太空探索计划，这个计划与目前的国际空间站计划没有什么关系，因此，外界开始怀疑美国已经想甩下沉重的国际空间站包袱。另外一些持相反观点的人认为，花费在空间探索上的巨额经费会给地球上的每个人带来切实的好处，只是这些好处在近期不能体现出来，也许空间站就是地球末日的"诺亚方舟"。随着国际空间站计划的开发，全球经济会被载入航天相关技术的商业应用所带动，可以带来大于最初投资很多倍的收益。国际空间站的建成是喜还是忧，对人类而言是好事还是坏事，只有到我们迎来它完工的那天才能见分晓吧！让我们拭目以待！

想 一 想 议 一 议

中国应该如何应对国际空间站的诱惑？

2008 年 9 月，中国"神舟 7 号"成功完成出舱活动，中国作为独立的航天力量已经比较成熟。

中国将研制自己的空间站，这或许是条正确的道路，因为参与国际空间站建设代价高昂，收获恐怕不尽如人意。如果仅仅为了参与国际合作、与国际接轨而参与国际空间站建设未必明智。根据你所了解的知识，结合中国国情，谈谈你的想法。

广角镜——天地对话

20 名来自中国南京、广州、上海和香港地区的大中小学生在 2007 年 8 月 26 日下午 6 点 44 分利用南京三中业余电台与国际空间站宇航员进行现场连线。他们都带着自己最想知道的问题和宇航员通话。南京三中学生唐洁雯通过业余无线电台问道："你能从空间站看到中国的长城吗？"美国宇航员克莱顿·安德森回答了她的问题："很遗憾，目前还没有看到，但我们希望能够看到。"这是中国学生首次与国际空间

◆南京三中学生唐洁雯向国际空间站宇航员提出第一个问题

站实现"天地对话"。南京三中香港籍的学生提出了第二个问题："在空间站工作会出汗吗？如果会，如何处理？"安德森的回答很风趣："在空间站也会流汗，但不会往下滴，我们会用毛巾擦去。"整个通话过程持续了 9 分 44 秒，20 名学生按照次序提出了问题。

太空中的幽灵——太空垃圾

◆太空垃圾

现实社会中人类被可回收与不可回收的垃圾困扰，垃圾给人类的生活带来了污染，也给地球环境造成了威胁。但是你知道吗，在遥远的太空，也存在让人类为之困扰的太空垃圾，它就像幽灵一样在宇宙漂浮。什么是太空垃圾？人类应该采取什么措施来避免这些垃圾带来的危害？它们对人类探索和开发太空有什么威胁？让我们一起来认识它，研究它，思考怎么解决它……

什么是太空垃圾

太空垃圾是指在人类宇宙活动中，被遗弃在宇宙空间的各种残骸和废物，有时也是无意被留在太空的。它有大有小，小到可以是航天器脱落的油漆颗粒，大到可以是废弃的空间站、卫星等航天器以及被遗弃的运载火箭推进器残骸等。这些太空垃圾的危害非常大！因为它们的飞行速度极快，非常具有杀伤力！原来一块只有 10 克重的太空垃圾如果撞上卫星，卫星会在瞬间被打穿或击毁！那撞击力相当于两辆小汽车以 100 千米的时速迎面相撞。如果这个垃圾撞上的是载人宇宙飞船，那么后果可想而知！

TAIKONG DE
TANSUO YU KAIFA

趣谈笑说

美国宇航员爱德华在 1965 年首次太空行走过程中，失手丢掉了一只手套，一个月后，这只手套以时速近 28000 千米坠入大气层烧毁。

太空追尾

在生活中，我们经常听到"追尾"这个词，在大马路上这一类事件层出不穷。随着人类对太空的不断探索，进出太空也越来越频繁，太空中的交通工具也越来越多。由于人类发射的航天器很多都运行在 800 千米左右高度的轨道上（因为这个高度适合太阳同步轨道卫星，对于气象观测、移动通信、遥感都非常合适），因此，这个高度的太空交通越来越拥挤，在这里就发生了第一次太空"车祸"。

◆美俄卫星相撞示意图

空间碎片是人类空间活动的产物，包括完成任务的火箭箭体和卫星本体、火箭的喷射物、在执行航天任务过程中的抛弃物、空间物体之间的碰撞产生的碎块等。它们是空间环境的主要污染源。

美国东部时间 2009 年 2 月 10 日上午 11 时 55 分，美国一颗正在使用的卫星与俄罗斯一颗已报废的卫星在距离西伯利亚上空 790 千米的太空相撞，撞击产生大量空间碎片。这是自 1957 年苏联发射第一颗人造地球卫星以来首次发生卫星相撞事故。撞击产生的大量太空碎片对空间在轨飞行器的安全是一个重大的威胁。目前，地球周围的宇宙空间还算开阔，太空垃圾在太空中发生碰撞的概率很小，但一旦撞上，就是毁灭性的。令航天专家更头疼的是雪崩效应——每一次撞击并不能让碎片互相湮灭，而是产生更多碎片，而每一个新的碎片又是一个新的碰撞危险源。监控太空碎片、躲避太空碎片的撞击将是今后重要的工作。

点击——太空事故

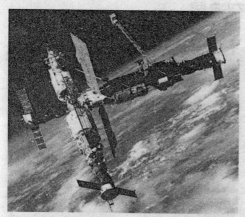

◆ "和平号"空间站

国际空间站曾在 2006 年 9 月 18 日宣布紧急状况，这是因为制氧装置故障，并且导致刺激性气味泄漏形成烟雾，好在训练有素的 3 名宇航员在半小时之内就控制了局势。纵观人类太空探险，危险重重，让我们一起来回忆一下人类太空任务中发生的紧急事故：

1997 年 6 月 25 日，"进步号"无人宇宙货船停靠"和平号"空间站时发生碰撞，导致一处太空舱压力损失，不得不进行封闭。

1997 年 2 月 23 日，"和平号"空间站起火，原因是一个氧气瓶突然着火，全体空间站宇航员不得不穿戴面具和手套。

1983 年 9 月 26 日，"联盟号"在发射时的几秒内起火，宇航员被迫使用应急脱离塔，在事故中幸免于难。

1975 年 4 月 5 日，"联盟号"在发射过程中未与第三阶火箭分离，最终两名宇航员降落在靠近中国边境的地区。

1971 年 6 月 16 日，世界上第一个太空站——"礼炮1号"空间站起火，宇航员撤退至逃离舱，当他们返回至空间站时，由于太空舱压力泄漏导致 3 名宇航员窒息死亡。

1970 年 4 月 13 日，"阿波罗13号"维修舱出现爆炸，因此，第三次登月计划被迫取消。

1966 年 3 月 17 日，"双子座8号"推进器故障，造成太空舱以每秒一次的速度旋转空翻。

躲避太空垃圾

人类目前除了"防"和"躲"之外，尚没有能力清理空间碎片。如何回收日益增多的太空垃圾对各国科学家发起了挑战。中国空间技术研究专家庞之浩指出，随着航天活动越来越多，太空垃圾势必不断增多。目前用于防止太空垃圾撞击航天器的方法和相关设计大致有6种：

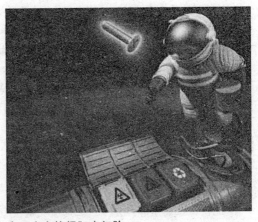

◆ "太空垃圾"大扫除

在设计航天器时，使废弃的航天器具有变轨能力，将废弃的航天器"调遣"到更高的无用轨道，使其对其他"同伴"不能造成威胁。

用光学望远镜观测高太空轨道，用雷达监测和预警，告知各种航天器改变运行轨道，躲避垃圾。

对航天器加厚外壳，增强其抗撞能力，但这会增加航天器的负担和制造成本。

废弃航天器可以通过地面无线电遥控信号使其飞向低轨而"自杀"，并最终坠落到预定海域。

科学家正在设计的航天器用可降解的新材料制成，这样航天器在废弃后能在太空中自行化为乌有。

研究人员设计一种航天器能发挥太空清洁车的作用，收集并带回太空垃圾。

此外，还有一些巧妙的设想，如绳索法。在卫星上天时带一根绳子，它由特殊材料制成，大概有5千米长，卫星报废后绳子将切割地球磁力线并导电，进而在地磁场的作用下产生下拉力作用，将卫星在短期内拖入地球大气层烧毁。

追忆历史
阿波罗登月险象环生

  1969年7月16日，阿波罗11号载着3名美国宇航员第一次成功登月。但鲜为人知的是，这个举世闻名的登月行动并非一帆风顺，而是险象环生，甚至差一点毁于灾难。最惊人的是，当宇航员结束2小时的月球行走之后，竟然发现登月舱引擎开关损坏，他们将因此永远留在月球上。庆幸的是，宇航员用圆珠笔成功化解危机，安全回到地球。

链接：太空碎片三次惹大祸

  此前，在太空曾经发生过三起重大的太空垃圾与航天器相撞事件。

  俄罗斯一颗失效卫星"宇宙1934"在1991年12月底撞上了俄罗斯的另一颗卫星"宇宙926"，释放出大碎片，前者一分为二，后者零碎到无法跟踪。

  法国的"樱桃"通信卫星在1996年7月被多年前"阿丽亚娜"运载火箭入轨时产生的一枚碎片击中。撞击时该碎片速度足有每小时3.1万千米，"樱桃"卫星的一个观测装置受损，所幸的是主体没有受到损伤。

  在太空中飞行了31年的美国"雷神"火箭废弃物和此前中国发射的长征四号火箭的残骸在2005年1月17日相撞，撞击时相对速度达每秒5.73千米。这次撞击使得美国的火箭废弃物一分为四，而长征四号火箭残骸的近地点轨道下降了14千米。

  我国在解决太空垃圾方面也作出了努力。上海航天技术研究院为"长征—4B"运载火箭加装了剩余推进剂排放系统，成为国际公认的成功案例。设计人员在我国的风云2号卫星上装载了离轨系统，在卫星报废后能依靠剩余能量，自动进入距地球3万千米以上的轨道，这一距离被称为"太空坟场"。

小知识——太空垃圾清洁工

  有新闻报道，在日本，研究人员已开发出一种技术，用于清除较大的太空垃垃。这种被称为机器人清洁工的装置能够通过一支机械臂牢固地抓住需要清除的残块，将它们收集起来抛入大气层烧毁。在模拟图中可以看到该装置的外形，看上去该装置的长度在50～70厘米之间，很像是放大的左轮手枪的转轮，重量约140公斤。这种机器人清洁工拥有一项非凡的本领，它能够通过一块强力电磁铁将绕地球飞行的太空垃圾迅速吸住。在此过程中，它需要借助一条长达数千米的电缆。

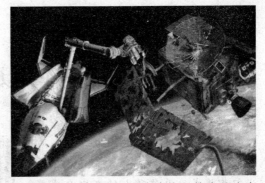

◆机器人清洁工将能够清除体积较大的太空垃圾

星球大战——军用太空未来纵观

随着科技的发展，动能武器、激光武器、微波武器、粒子束武器在21世纪都将成为杀伤敌人的新概念武器。美国参议员罗伯特·史密斯说："谁控制了太空，谁就将控制地球的命运！"在技术力量的推动下，人类相互残杀的能力也迅速提高。未来的战争场地很可能在太空，在那里将上演名副其实的"星球大战"，像是科幻，从荧幕流转到现实……

◆未来星球大战

空天战机

◆美空天战机

美国空军2010年4月22日在佛罗里达州将一架无人太空战机（又称空天飞机）发射升空，这架战机曾被列为最高机密，型号是X—37B。X—37B此次升空似乎昭示了美国未来航空航天领域新的方向。带有自主驾驶和导航模式的X—37B可以长期在太空停留，像S—300、"爱国者"这类先进的防空导弹对其都毫无办法，这是因为它翱翔在大气层外。未来如果发生太空战争，X—37B可以对卫星、宇宙飞船甚至是太空站下手，牢牢掌握太空的制高点。并且它的摧毁能力是极其可怕的，仅需要一次行动就可摧毁敌方所有的导弹卫星，并在战区上空进行侦察，大大增加了威慑能力。X－37B一旦被发射升空，它可迅速到达全球任何目标的上空，对敌方进行精确打击或战略侦察，因此，X－37B被称为"轨道轰炸机"或"太空战略侦察机"。正是由于X－37B的特殊

◆未来的星球大战

性，它被认为是世界首架太空战斗机雏形，它有能力对敌国卫星和其他太空载具展开军事行动。有一些国家的军事专家表示，美军开发太空战机，表明人类将进入太空武器时代，这可能比核武器还危险。电影《星际大战》中战机在太空中战斗的场景不久就会实现。

反卫星武器

◆美制能量武器太空巡航想象图

用于打击、破坏敌方卫星的空间武器被称为反卫星武器，它可以攻击在轨道上运行的各种卫星，使其全部报废或暂时失去全部或部分功能，正是由于这一特点，它被称为太空杀手。冷战时期，美苏战略核威慑的重要组成部分之一就是反卫星武器，反卫星武器在那一时期得到了大力发展。今天，反卫星武器依然是各国夺取制天权的重要武器装备。反卫星武器主要有反卫星卫星和反卫星导弹。

反卫星卫星

具有轨道推进器跟踪与识别装置以及杀伤战斗部的卫星被称为反卫星

太空的探索与开发

◆美国太空反卫星武器攻击示意图

卫星，它能识别与接近敌方的间谍卫星，再进行自身的爆炸，利用产生的碎片将对方破坏、击毁。苏联在1971年从丘拉坦火箭基地发射了"宇宙－462号"卫星，它的飞行速度极快，几个小时便赶上了4天前就送入轨道的"宇宙－459号"卫星。当"宇宙－462号"卫星靠近"宇宙－459号"卫星后，"宇宙－462号"卫星突然自行爆炸成13块碎片，将"宇宙－459号"卫星撞毁，这颗"宇宙－462号"卫星被称为高空"凶手卫星"。这是苏联进行的一次反卫星卫星试验。到1977年底，苏联已经将27颗反卫星卫星发射升空，其中有7次成功地截击了供试验的目标卫星。

小知识

目前俄罗斯拥有的反卫星卫星一般长约4.6～6米，重达2.5吨，直径1.5米，带有5台轨道机动发动机，可以接近到距离目标卫星30米内的有效摧毁范围。它使用的是雷达或红外制导系统。

反卫星导弹

美国为了赶上俄罗斯反卫星武器在军事领域的垄断地位，也研制发展各种反卫星武器，其中主要的就是反卫星导弹。美国陆军在1984年从太平洋贾林岛试验场发射了一枚截击导弹，成功摧毁了一枚"民兵"式洲际导弹。这次试验性导弹拦截证明了美国已经具有在外层空间击毁敌方间谍卫星的攻击能力。在外层空间的军事

◆外层空间定向能反卫星武器系统效果图

力量之争主要集中在美俄两国。沉寂了多少亿年的太空可能将不再平静，它的上空布满了各种各样的卫星，又暗中潜伏了许许多多的"暗杀凶手"（反卫星武器）。随

美国空军拥有的小型反卫星导弹长5.4米，直径0.5米，全弹重1136公斤，装备有红外探测器、激光陀螺、信息处理机和机动火箭发动机。

着科学技术的发展，太空军事争夺战也将越来越趋于激烈。

广角镜——顶级军事卫星

早在 2010 年初，美国空军在提交国会的报告中就写道，今年要发射 4 颗"顶尖级的军事卫星"，它们包括：第一颗"先进极高频通讯卫星"（AEHF）、第一颗新一代全球定位卫星（GPS）、第一颗"天基太空监视卫星"（SBSS）以及第一颗"太空作战响应卫星"（ORS）。

◆美国军用太空站方案想象图

这4颗不同类型的卫星针对的是美军不同的太空系统，特别是前3颗关于通讯的卫星可以极大增强美军在作战时的指挥、通信、控制、情报、计算机及监视与侦察能力。

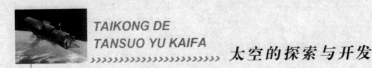
地球的好伙伴——月球探秘

◆神秘月球星空

月球跟太阳就像一个是哥哥，一个是妹妹，都是地球不可或缺的"朋友"。被称为地球黑夜掌门人的月球，到底陪伴地球多少年了？也许它就在天天默默地看着地球已经几亿年！关于月亮，曾经有很多美丽的传说。古人仰望夜晚的天空，看到了月亮里面的广寒宫，看到了月亮中的嫦娥，看到了嫦娥的宠物玉兔，还看到了一位天天在砍伐桂树的吴刚。月亮中真的如传说的那样吗？让我们一起来揭开月球的神秘面纱，来个近距离接触！

"阿波罗"登月

1969 年 7 月 16 日，巨大的"土星 5"火箭在百万人的关注下缓缓升空。当时天空晴朗，万里无云。当"土星 5"把"阿波罗11 号"飞船送入近地轨道后，"阿波罗 11 号"便开始独自飞向月球。

三名航天员跟随"阿波罗"飞船一起上天，他们经过 75 小

◆人类登月

时的长途跋涉，于 19 日进入月球引力圈。20 日清晨，"阿波罗"到达月球上空 4900 千米处，休斯敦飞行指挥中心命令飞船减速，进入月球轨道，于是飞船服务舱发动机逆向喷射，进入了月球的椭圆轨道，飞船绕月球一圈只需 2 小时。在沿着月球轨道飞行时，航天员们做好了登月的准备工作。

  1969 年 7 月 21 日 2 时许是一个伟大的时刻。宇航员点燃飞船的登月舱发动机，于是它与指令舱分离。指令舱继续绕月飞行，而两名航天员乘坐登月舱缓慢向月球飞行。当降落时，宇航员阿姆斯特朗看到窗外地面有乱七八糟的卵石时，便决定继续飞行，寻找平坦的地方。最后他们在月面"静海"的一角平稳降落。阿姆斯特朗在 7 月 22 日下午 1 时 56 分指挥"阿波罗 11 号"飞船指令舱离开月球轨道，踏上返回地球的旅途。7 月 25 日清晨 1 时 50 分，"阿波罗 11 号"飞船载着三名航天员降落在太平洋中部海面，人类首次登月获得圆满结束。正像阿姆斯特朗所说，"对个人来讲这是一小步，而对于全人类而言这又是何等巨大的飞跃"。

  "阿波罗"工程是当代规模最大、耗资最多的科技项目之一。它的出现导致20世纪60至70年代产生了一大批高科技工业群体。其二次开发应用的效益远远超过"阿波罗"计划本身所带来的直接的经济与社会效益。

◆月球表面

◆1969 年登月飞行员合影

广角镜——令人难解的月球之谜

◆月食

利用我们的知识暂时无法解释月球上的一些现象。这些无法解释的现象归纳起来主要有如下四个方面：

（1）月球集质现象。月球上的密度分布不均，有许多质量集中的地方，科学家称它们为月球集质，也称月球质量瘤。在这些地方，物质的密度异常的高。经研究发现多存在于月海下面。

（2）环形山和月海的形成。月球上的环形山是指呈碗状凹坑结构的高地。它有两大特点，一是大小相差悬殊，形态各异；二是数量多、分布广。环形山占月球表面面积的 7%～10%，分布在整个月球表面上。大的环形山直径数百千米，小的直径只有几米、几厘米，甚至更小，数量至少有 100 万个。月球背面的环形山多于正面的环形山。有的环形山中套有小环形山；有的环形山有中央丘；有的环形山四周有辐射条纹。相对于环形山的平原和洼地称为月海。从地球上看，月海的颜色比较黯淡。这是因为组成月海的玄武岩反射率平均只有 6%，大部分光线会被它吸收，所以看起来比较暗淡。目前已经探明月球表面有 22 个月海，其中向着地球的一面有 19 个，月球背面只有 3 个月海。

（3）月球内部的空洞。月球上也会发生地震，被称为月震，科学家根据月震波的传播速率研究发现月球内部的密度低于月球表面的密度，因此推测月球内部可能有空洞。

（4）月球的发光及其他短暂现象。月球并不是寂静的世界，卫星监测表明，在月球表面经常出现发光（包括红光、辉光等）和雾气等短暂现象，它们持续几分钟到数小时。

对于这些奇异现象，科学家们也作出了某种解释，但都没有得到证实。

月亮与潮汐

在海边，总会听到涨潮和落潮的说法，每天海面总是按时涨上来，又按时退下去，永不停歇，天天如此、年年如此，这就是潮汐。

潮汐的形成与月球和其他天体有着密切的联系。各种物体之间都存在着万有引力，巨大的月球以及其他天体也不例外。在万有引力的作用下，月球对地球上的海水有吸引力，这种吸引海水

◆潮汐

的力叫引潮力。由于地球表面离月球的距离不同，所以地球上海水所受的引潮力也不同。正对月亮的地方引潮力大；而背对月亮的地方，引潮力小，离心力反而变大了，海水在离心力的作用下，向背对月亮那面跑，于是出现涨潮。由于地球的自转，涨潮和落潮现象交替出现，就形成了潮汐现象。

潮汐几乎和时钟一样准，非常守时，它和月亮绕地球的周期是一样的。月亮绕地球一周是 24 小时 48 分钟，潮汐的周期也是 24 小时 48 分钟。一昼夜之间大部分海水有一次面向月亮，一次背对月亮，因此，海水会有两次涨落。

科技导航

潮汐能

潮汐能是以位能形态出现的海洋能，是指海水潮涨和潮落形成的水的势能。水位的涨落形成了水的势能和动能，即潮汐能。潮汐能是一种蕴藏量大、洁净无污染的可再生能源。人们通常在潮汐能资源丰富的海湾或河口修建潮汐发电站，利用潮汐能发电。我国潮汐能以浙江、福建两省蕴藏量最大，约占全国潮汐能总量的 80.9%。

关于月球的起源

◆月盈月缺

◆月球

月球是怎样形成的呢？它起源于哪里？科学家有不同的答案，大致分为五大派：

俘获说。一些科学家认为月球本来和地球一样，是太阳系中的一颗小行星。有一次，因为运行到地球附近时被地球的引力俘获，从而变成了地球的卫星。

分裂说。早在 1898 年，乔治·达尔文——著名生物学家达尔文的儿子——撰写了《太阳系中的潮汐和类似效应》一文，他认为月球本来是地球的一部分，后来由于地球转速太快，一部分物质抛了出去形成月球，而在地球上遗留一个大坑，就是太平洋。这是最早解释月球起源的一种假设。

同源说。相信这一假说的科学家认为地球和月球都是太阳系中浮动的星云，经过旋转和吸积，同时形成星体。在吸积过程中，地球的进度要快一点，所以形成的体积较大，而月球只能成为围绕地球转的卫星。

碰撞说。这一假设认为，太阳系演化早期，在星际空间曾形成大量的星子，星子通过互相碰撞、吸积而长大。星子合并形成一个原始地球，以及另外一个距离地球不远的天体。它的质量相当于地球的 0.14 倍。一次偶然的机会，小的天体撞向地球。这一碰撞使地球地轴倾斜，那个小的天体被撞击破裂，硅酸盐壳和幔受热蒸发，膨胀的气体以飞快的速度携带大量尘埃飞离地球，形成全部熔融的月球。

空心的太空船月球说。太空船月球理论是俄国科学家提出的，这种学说的解释有点令人震惊。他们认为月球事实上不是地球的自然卫星，而是一颗经过某种智慧生物挖掘改造成的太空船，其内部载有许多该生物文明的资料，月球是被有意地置放在地球上空的，因此月球所有的神秘发现全是至今仍生活在月球内部的高等生物的杰作。

趣 谈 笑 说

你知道吗？我们的身体状态与月亮阴晴圆缺的变化息息相关。据一项科研调查显示，人的精神在月圆前夕是相对最为烦躁的阶段，这几天的车祸量处于每月的最高，但是一到满月当天，车祸又会陡然降至当月最低。可见，月亮中确实潜伏着神秘的力量。

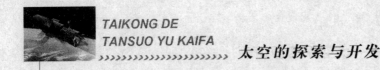
地球以外
——太阳系其他星体的探索

◆太阳系

我们在这个美丽的星球上生活、工作、繁衍，地球是我们可爱的家园。我们身处太阳系，地球之外，还有很多个陪伴它一起围绕太阳公转的"姐妹"，它们是水星、金星、火星、土星、木星、海王星、天王星。太阳系总共有8大行星。除了这8大行星之外，太阳系还有很多成员，例如行星的卫星和数以亿计的小天体。让我们来看看，到目前为止人类对其他星体的探索是怎样的，也让我们一起来认识一下太阳系吧！

什么是太阳系

太阳系以太阳为中心，太阳系的天体都受到太阳引力约束。太阳系有8颗行星，按照它们离地球的距离由近及远排序，依次是水星、金星、地球、火星、木星、土星、天王星、海王星，其中的6颗有天然卫星环绕着。除地球之外，肉眼可见的行星在中国以五行命名，在西方则全都以希腊和罗马神话故事中的神仙为名。有趣的是，因为地球的卫星被称之为月亮，所以这些行星的卫星也被习惯地称为月球。太阳系中还有数以亿计的太阳系小天体，主要包括小行星、柯伊伯带的天体、彗星和星际尘埃。

迷雾重重的金星

　　在地球以外的行星中，只有金星与地球在大小、质量、组成成分以及与太阳之间的距离方面相似，因此，它也被称为地球的"孪生兄弟"。可是金星上的环境极为恶劣，没有地球上这么生机勃勃、欣欣向荣。大气密度和大气压均是地球的 100 倍左右，温度达 400

◆金星上的闪电

度以上，闪电和雷暴频繁，释放出巨大的能量。它的大气层中竟然还有厚约 20～30 千米的浓硫酸云层。金星是天空中最耀眼的行星，因为它的云层能够反射太阳光，这使得它在天空中犹如一颗耀眼的钻石，在古希腊它被称为阿芙洛狄忒，代表爱与美的女神，而罗马人则称它为维纳斯——美神。我们平时常常说到的启明星或太白金星指的就是金星。金星用肉眼即可观测到，大部分金星表面由略微有些起伏的平原构成，也有几个宽阔的洼地。

科技导航

金星快车探测器

2005 年 10 月，欧洲空间局发射了新世纪的首颗金星探测器——金星快车探测器。金星快车探测器的任务是研究金星等离子体环境与太阳风的关系，金星云层结构和大气活动情况，金星表面复杂的空气动力学，测量大气层的密度、温度、压力和化学成分，寻找活火山和拍摄金星照片。

热烈的火星

火星有着鲜红的颜色，在史前时代就已经为人类所知，在古希腊它被称之为战神。人类一直认为，火星是太阳系中除地球以外人类最好的住所，因此，它总是成为科幻小说的宠儿。但是近年来的科学研究表明，火星像是一个荒芜死寂的世界，目前还没有证据证明火星上存在生命。但是某些证据仍然向我们提示，在亿万年前，火星上

火星上有明显的四季变化，这是它与地球最主要的相似之处。但除此之外，火星与地球相差甚大。

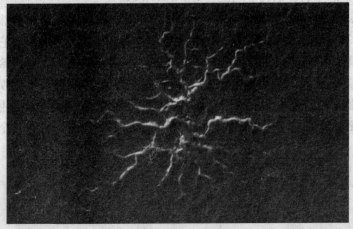

◆火星上发现的形似蜘蛛的怪异的地形图案

可能存在生命。例如对一块来自南极洲的火星陨石的分析表明，这块石头中存在着一些类似细菌化石的管状结构，这引起了科学家对火星生命猜测的兴趣。美国在1997年7月4日发射火星探路者号成功登上火星，希望能对研究火星是否有生命有所帮助。

趣谈笑说

在希腊人之前，古罗马人曾把火星当做农耕之神来供奉，而好侵略扩张的希腊人却把火星作为战争的象征。

神秘的水星

人们发现水星的历史要追溯到公元前3000年的苏美尔时代，水星是太阳系中第二小行星，它最接近太阳。在古罗马神话中水星被称为赫耳墨斯，是商业、旅行和偷窃之神。也许是由于水星在空中移动得快，才使它得到这个名字吧。人们曾经认为水星自转一周与公转一周的时间是相同的，从而有一个面始

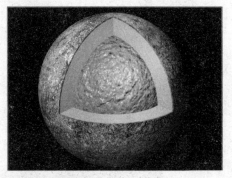

◆水星的内部结构

◆水星的大气极为稀薄且昼夜温差大

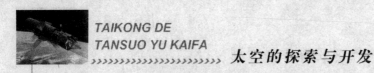
终面对太阳，就像是月球总是以相同的半面朝向地球一样。但到了1965年，科学家通过多普勒雷达的观察，推翻了这种理论，并且发现水星在公转二周的同时自转三周，太阳系中目前唯一已知的公转周期与自转周期共动比率不是1∶1的天体就是水星。水星没有卫星。水星总是十分靠近太阳，我们通过双筒望远镜甚至直接用肉眼便可以观察到水星。

TAIKONG DE
TANSUO YU KAIFA

太阳系"掌门人"
——"尤利西斯"的发现

美国宇航局与欧洲航天局曾经联合研制了一个探测器，它是以希腊神话中智勇双全的奥德赛的拉丁文名字命名的。它是一个太阳极区和恒星际环境探测器，它被用来研究太阳的性质，探索太阳极区、太阳风以及行星际磁场；它立下了赫赫战功，带给了人们无限的惊喜，它就是"尤利西斯号"

◆ "尤利西斯号"太阳探测器效果图

探测器，在太空进行了为期18年多的探测。让我们一起来认识它吧！

"尤利西斯"号探测器

20 世纪 80 年代，美国宇航局与欧洲航天局联合研制了一个太阳极区和恒星际环境探测器，命名为"尤里西斯号"。"尤里西斯号"探测器在 1990 年 10 月 6 日从美国"发现号"航天飞机舱内推出，随后，用它自身的三级火箭加速，离开地球轨道，向太阳飞去。这个探测器使人类第一次从三维立

◆ "尤利西斯"号

体角度来探测太阳的南北极。

  "尤里西斯号"是箱式机构的，带有一个指向地球的碟形高增益天线，直径达 1.65 米，是用来和地面通讯联络的。探测器就像地球在公转的同时还在自转一样，它在飞行的同时围绕天线的轴线进行旋转。此外，它还有一

  "尤利西斯号"原定的服役时间为5年。"尤利西斯号"每6年绕太阳轨道一圈，在其18年的探测使命中，曾3次成功穿越太阳极区，为科学家们发回了太阳在11年活动中不同方位的照片。

台三轴伸展螺旋磁强计、一台电磁导航磁强计和一台磁力磁向测量仪，这些都安装在一个 5.6 米长的径向悬臂上。与高增益天线相反的方向还装有一个 7.5 米长的单极天线，它上面搭载了 9 台专用设备，包括测速、测高、测光、测磁等仪器，高清晰度摄像仪和信息转送仪器，能探测太阳磁场、伽马射线、太阳风、宇宙射线、紫外线和红外射线的测试仪等。这些科学仪器在轨道上运行时持续进行着测量工作，它们的测量结果有助于行星际磁场、太阳风等的研究。整台仪器由放射性同位素热电发生器供电。

小 知 识

  "尤利西斯号"追踪星际尘埃，绘制出太阳、地球磁场图，发现了太阳磁场控制着太阳风的诞生区域，这一结果与主流科学界的假设相反。它还发现了比日地之间距离还要长的彗星的彗尾。这一切用科学家的话说就是"超出你的想象"。

知识库——对"尤利西斯号"的高度评价

  "尤利西斯号"的贡献获得了美欧科学家的高度评价。埃德·史密斯——美航天局项目科学家说："尤利西斯号"的科研探测范围非常广泛，它为人类提供的有关太阳活动周期及其影响的研究方向是史无前例的。理查德·马斯登——欧航局方面的项目负责人评价"尤利西斯"项目是一项非凡的科学探索，是一趟

"奇异之旅"，其探测结果远超人类想象。它是人类太空探测中独特的里程碑。

"尤利西斯号"探测成就

"尤里西斯号"探测器在2007年2月7日从太阳的南纬80度的上空飞掠过。它曾经在1994年至1995年和2000年至2001年飞过太阳的极区，采集了大量的数据供人类研究太阳极区的磁场特性等内容，它的主要成就包括：

◆ "尤利西斯"号飞跃太阳北极

"尤里西斯号"探测器发现了太阳磁极的冕洞，并且太阳风可以从冕洞散发出来；它有利地证明了太阳磁极的南北极正好和太阳的南北极相反；它证明了太阳的磁极有大量的宇宙射线和太阳风粒子产生；发现太阳南极有异常温度等。

古老谜团终获答案
——宇宙是怎样形成的？

宇宙是怎么形成的呢？宇宙有多大？宇宙最初是什么状态的？生命什么时候在宇宙中出现？宇宙本身也有生命周期吗？它的形成、发展和消亡又应该是怎样的呢？它是否也像人类一样，有着生命的开始与终结？随着科学的发展，人类对宇宙的认识已经越来越深刻……

◆浩瀚的宇宙

宇宙的形成

科学家认为最初的宇宙是一个奇点，是一无所有的真空。在这一时期，一切都还没有开始，空间为零，时间为零，能量为零，物质为零。

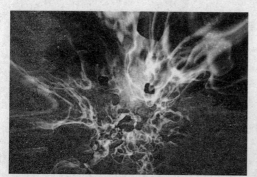

◆宇宙大爆炸

这个时候的宇宙被科学家比喻为一只球，这只球由一种密度非常非常大的物质（中子、电子、质子、中微子和光子等一些基本粒子形态的物质）构成，它的温度极高。这些物质

飞向太空——太空探索面面观 ‹‹‹‹‹‹‹‹‹‹‹‹‹‹‹‹‹

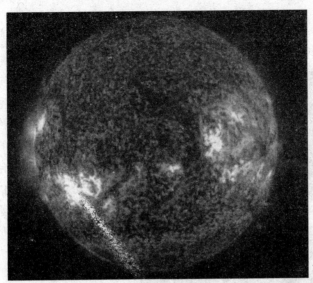

◆2010 年，科学家创造了地球上最炽热的温度，可达 4
万亿摄氏度，该温度曾出现于宇宙大爆炸后短暂的瞬间

和高温使得宇宙极不稳定，这只"球"在不断地像吹气球一样膨胀起来。当宇宙年龄为 10 到 44 秒时，温度高达 1032℃，在此后一刹那间，也就是在大约 150 亿年前，宇宙发生了惊天动地的大爆炸。

宇宙刚刚诞生之初，仅仅 10～32 秒钟的时间，空间急剧猛增，直径暴胀到大约 1 光年。由于大爆炸产生的极强高能辐射均匀地充满整个空间，宇宙成为一个超高温的熔炉，所有物质被熬成一锅"基本粒子汤"。紧接着，一场原始宇宙风暴开始肆虐了，基本粒子之间发生猛烈撞击，中子熔入质子形成了氢核。这个过程延续了大约 3 分钟，直至所有的中子消耗殆尽为止。

 小 知 识

光年不是时间单位，而是一种长度单位，它被用于计算恒星间的距离。光年指的是光在真空中行走一年的距离，它是由时间和速度计算出来的。

星系形成

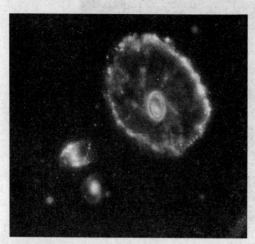

◆望远镜拍下5亿光年远星系

我们居住的地球就在一个巨大的星系——银河系之中。在银河系之外的宇宙中，像银河这样的太空巨岛还有上亿个，它们统称为河外星系。

在宇宙史的最初3分钟内构建原始宇宙的原生物质便产生了。随着宇宙的冷却，再也不可能发生大规模的核合成过程，而小规模的核合成也只有等到恒星产生以后才再次发生。宇宙的主要成分是氢核和氦核的原生物质均匀分布在整个太空，它们之间的引力微弱，远不足以克服巨大的扩散压力和辐射压，因此无法凝聚成团而成为弥散状态。

时光荏苒，经过30万年的时间，宇宙的温度降到了4000开尔文，但仍然为均匀状态。又过了1000万年，不断的冷却使宇宙中高能辐射变成微波背景辐射，氢核和氦核形成了各自的原子，原子间的引力也终于战胜辐射压和扩散压，渐渐形成了一个个物质密度较大的地区，从外围向中心收缩，这就是原始星云形成的过程。在宇宙诞生1000万年以后，巨大的非常稀薄的原始星云弥漫着太空，宇宙物质不再处于均匀分布的状态，这预示了宇宙星光灿烂的未来。

生命的形成

生命是宇宙物质演化的最高级形式，生命的诞生是宇宙中最伟大的奇迹。宇宙的起源、演化与生命的起源、演化是密切相关的，因为如碳、氢、氧、氮、磷、硫等生命的构成元素都是来自"大爆炸"后元素的演化。在星际演化中，如氨基酸、嘌呤、嘧啶等生物单分子，可能在星际尘埃或凝聚的星云中形成，并且在行星表面产生了像多肽、多聚核苷酸等生物高分子，当然这需要满足一定的条件。地球上形成最原始的生物系统还需要通过若干前生物演化的过渡，即具有原始细胞结构的生命。至此，生物学的演化开始，一直到今天，产生了无数复杂的生命形式。

想 一 想 议 一 议
地球为何适宜生命繁衍？

地球是一个特殊的行星，它拥有得天独厚的生命存在条件：它的大气层厚薄适当，可以挡住大多数的紫外线；它大小适宜；它的引力可以保住水和大气；它有较强的磁场，使生命免遭宇宙带电粒子的轰击……地球是宇宙中少有的生命家园。查资料，讨论一下，地球还有哪些得天独厚的条件适宜生命繁衍呢？

广角镜——宇宙的终结

科学家、哲学家和神学家都对宇宙的未来命运提出了自己的观点。一个目前被普遍认同的观点是：宇宙是物质的世界，遵守物质自身的规律。根据热力学第二定律，宇宙将在遥远的未来走向死亡——永恒的死亡，这一结论有点令人难以接受。

◆美丽的宇宙

随着时间的推移，在非常非常遥远的未来，所有恒星最终会因缺乏燃料而熄灭，宇宙将变得一片黑暗。在这漆黑的太空中，潜伏着许多离散的中子星和黑矮星、带自转的黑洞，而一些行星级的天体在引力的作用下进行着一场战争，战争的结局是绝大多数天体被引力弹弓抛入星际空间，星系解散了，而行星永远漫游在太空中；而星系中心的黑

洞不断地吞并天体，黑洞越来越大。但这些离我们都遥不可及，大约会发生在今天宇宙年龄的 10 亿倍后的时间。

再经过一段漫长的时间，当宇宙继续膨胀，背景辐射越降越低，所有的黑洞最终都会化为乌有，这时其他天体也将发生衰变而渐渐蒸发，直至变成正电子或其他粒子完全消失；宇宙又返回过去，变成一锅光子、中微子及数量正在逐渐减少的电子和正电子的"稀汤"。宇宙曾经拥有的群星及生命都湮没在这空虚而又荒凉的宇宙中……

太空中的眼睛

——空间望远镜和探测器见闻

在太空架设望远镜一直是天文学家的梦想。由于地球的大气层对许多波段的天文观测有很大的影响，地面望远镜不能观测到所有的太空景象，所以天文学家便设想将望远镜移到太空中，便可以摆脱大气层的干扰得到更精确的天文资料。它的功能将是地面上的光学天文望远镜望尘莫及的。天文学家越来越热衷于把望远镜送入太空，从而获得更多在地面上无法获得的信息。他们的愿望终于实现了，让我们来看看空间望远镜和探测器的见闻。

"机遇号"和"勇气号"——火星探访

"机遇号"和"勇气号"是两个有着全新设计的超级智能机器人，它们相互做伴，在火星上完成了一次旅行。它们是被运载火箭送入太空的，降落在火星表面，对火星这颗神秘的红色行星进行实地考察。2003 年 6 月 10 日，"勇气号"发射成功，同年 6 月 25 日，"机遇号"发射成功。它们给我们传回了大量前所未有的高

◆"勇气号"火星车模拟图

清晰度的火星表面照片，还提供了很多其他重要的监测成果。让我们可以更好地了解火星。

"勇气号"火星探测器

"勇气"号探测器在美国于 2003 年 6 月 10 日发射成功。美国宇航局专家们说，"勇气"号担负着在火星上寻找可能存在生命的重任。它如能不辱使命，那将标志着人类发射的星际探测器自动化程度提升到了前所未有的水平。

"勇气"号像人体一样有自

◆2004 年 1 月 4 日登陆"勇气号"

"勇气号"依靠太阳能电池板获得能源，它只有餐桌大小。在正常情况下每天最多可在火星上漫步20米。

◆ "勇气号"拍摄的火星日落

◆ "勇气号"勘测火星岩

己的大脑、头、颈、手臂、眼睛，并且还有与人类地质学家所用工具类似的放大镜和锤子。它的"大脑"是一台计算机，这台计算机的本事很大，每秒能执行约2000万条指令。火星车上伸出的一个桅杆式结构被称为"头"和"颈"，"眼睛"是指探测器上可拍摄火星表面彩色照片的一对全景照相机。它们的高度与人眼高度差不多。火星车靠着这两个眼睛像真人一样站在火星表面环视四周了。当它发现值得探测的目标，它会迈开步伐，移动至目标。当然它没有真正的腿，而是靠装在底部的6个轮子移动。火星车的"手臂"与人类似，有肩、肘和腕关节等结构，能够灵活地弯曲、伸展和转动。它的手上还抓着许多工具。

2010年，"勇气号"火星车最终停下了跋涉的脚步，停止了6年多的火星探险历程，这是因为它跌入"陷阱"——火星上的沙坑，它不能再移动，只能静止地观测。它再也无法发现火星神奇的地貌，无法在每一块岩石下、每一个拐角处获得新的科学发现。这真的是很大的遗憾。

"机遇号"火星探测器

8年前,"机遇号"火星探测器登陆火星。"机遇号"火星探测器为美国宇航局进行相关试验,现在它更加智能化,有了一项新本领,它可以检测火星车漫游后用广角导航照相机拍到的图像,识别符合特定标准的岩石;能够自行作出判断,是否需要到达新的位置继续观察火星岩石。为未来机器人自动执行任务提供了有利条件。

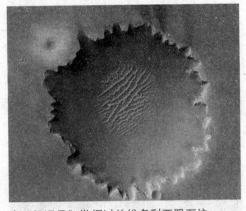

◆ "机遇号"勘探过的维多利亚陨石坑

 广角镜——马奎特岩

一块与众不同的岩石在火星上一个平原地带被"机遇号"发现,科学家们认为这块岩石可能来自火星内部区域,对它进行研究将帮助人类了解火星内部结构的秘密。

科学家将这块岩石命名为马奎特岩,马奎特岩体积跟篮球差不多大小,呈黑色。"机遇号"研究项目首席科学家、美国康奈尔大学天文学教授史蒂夫·斯科雷斯说:"在化学成分上,马奎特岩和之前我们遇到的火星岩石都不相同,这个算得上是在火星上最酷的发现之一了"。

◆ "机遇号"发现的马奎特岩

"机遇号"与"勇气号"的实际寿命已经远远超出人们的期望,它们登陆火星这些年来，给科学家带来了很多次惊喜。虽然"勇气号"陷入了火星的沙尘中，停止了前进的步伐，然而"机遇号"还继续着自己的火星探索之旅，相信它能给我们带来更多的惊喜。

"萤火一号"

◆国产火星探测器模型

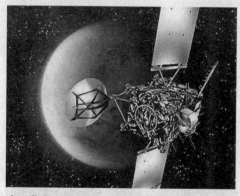

◆ "萤火一号"探测火星想象图

中国火星探测计划中的第一个火星探测器被称为"萤火一号"。这个名字有一些来历。在古代火星被称为"荧惑"，这个火星探测器取其谐音，命名为"萤火一号"。原定于2009年10月"萤火一号"和俄罗斯的"福布斯—土壤"卫星一起搭载"天顶"运载火箭从拜科努尔航天中心发射升空，但由于俄罗斯"福布斯—土壤"探测项目的推迟，使得"萤火一号"的发射也推迟了。这两个探测器的下一个最佳发射窗口是在2011年10月，到那时探测器可以按最短的飞行轨道抵达目标并返回。它将大约经历10至11个半月的飞行后，进入火星轨道。"萤火一号"主要研究火星磁场、火星的电离层及周围空间环境等。我国将成为继美国、俄罗斯、日本、欧洲太空局后跻身于"火星俱乐部"的国家。对火星的探测和研究，特别是对火星生命痕迹的研究，对人类的未来发展将产生重大影响。

从"伽利略号"到"朱诺号"
——揭开木星的神秘面纱

1989 年 10 月 18 日，美国发射了"伽利略号"木星探测器，开始了对木星的专门探索，试图解开木星之谜。"伽利略号"经过 6 年多的长途跋涉，在 1995 年 12 月 7 日抵达木星轨道，开始绕木星飞行，并对其卫星进行近距离的探测。比起"旅行者号"，它对木星的观测距离近 20 倍，发回照片的清晰度高 50 倍以上，它的探测结果与科学家想象的有许多不同。这次探测是 20 世纪最重要的行星探测活动之一。

◆"伽利略号"木星探测器。背景是巨大的木星

"伽利略号"的贡献

通过美国、德国等 6 国科学家的共同努力，美国航空航天局在 1989 年发射了"伽利略号"探测器。它价值 14 亿美元，重量为 2718 千克，由轨道器和子探测器两部分组成。6 个测量仪器安装在子探测器上，用来测量大气的压力、温度、云层高度、气体成分以及大气中的能量输送、放电及发光现象。非自转部分和自转部分组成了轨道器，非自转部分利用分辨率极高的相机对木星及其主要卫星的表面进行拍照，在自转部分安装的等离子体探测器、磁强计等 7 种仪器可以用来研究木星的磁场。

◆该图是一张美国宇航局公布的地球与月球的合成照片，其中地球与月球的影像是"伽利略号"探测器于1992年分别拍摄的

◆"苏梅克—列维9号"彗星的碎片像连珠炮一般向木星撞去，造成太阳系中最大的爆炸

"伽利略号"1994年7月22日观测到了苏梅克—列维9号彗星的碎片与木星相撞的壮观景象。当时探测器距离木星1亿多千米，发回的图像非常清晰。它还捕捉到最后一块彗星碎片撞击木星的情景。这一发现在全球引起了轰动。

"伽利略号"为期两年的木星及其卫星考察结束后，继续在太空超期服役，着重对木卫3进行近距离考察（木卫3是木星最大的卫星），它可以用来探测正在喷发的活火山以及寻找存在液态海洋的其他证据，计算木卫3上陨石坑的个数以便确定其"年龄"。"伽利略号"在1998年10月发现，木星的两颗卫星上很可能有生命，因为存在海洋。其中木卫2表面有大面积的冰层，冰层下的液体可以导电。从"伽利略号"发回的照片上可以看到，木卫2表面的裂缝位置发生了变化，科学家推测这可能是表层下的海洋流动造成的。多种迹象表明，木卫2上存在着水，这使得木卫2上存在微生物等早期生命形式成为可能。

知识库
"伽利略号"结束传奇性使命

"伽利略号"完成使命后，于2003年9月21日中午脱离轨道，冲入木星风暴中。当日，它运行到木星背面后坠入木星大气层，速度大约为17万千米/小时。它与木星大气摩擦过程中所形成的高温使它发生剧烈燃烧，并最终坠毁于木星。

小知识——木星的首个探访者

"伽利略号"可以称得上是世界上第一个木星专用的探测器，但绝不是第一个探访木星的。第一批访问木星的要数"先驱者10号"和11号两个探测器。它们都用星际漫游的方式进行探测，曾经探测了木星、木星的卫星、土星和土星的卫星等。后来，又发射了"旅行者"1号、2号探测器，但它们对木星的探测也只是走马观花。由于它们都没有着陆舱，只是在"路过"木星和土星等行星时从很远的距离进行观察，而且由于技术水平较差，传回的图像清晰度差，数据不全面。

◆1972年发射的"先驱者10号"探测器

探测木星新启程

在地球上用望远镜观察木星，可以看到木星表面有明亮的条纹形状，那扑朔迷离的条带，总引起人类的兴趣。木星的条带是怎么形成的？木星上是否有生命诞生？尽管已有探测器传回的照片，但我们对它依然缺乏了解。

◆朱诺探测器在轨飞行模拟图

美国宇航局于 2011 年 8 月发射一个名为"朱诺"的木星探测器，希望进一步展开对木星的探测。预计"朱诺"将在 2016 年飞抵轨道。它每年大约可绕木星运转 32 圈，通过它的探测，科学家希望了解木星的形成、结构和进化过程等。

木星距离太阳超过 6.4 亿千米，是日地距离的 5 倍。尽管距太阳如此遥远，"朱诺"供电系统仍设计成太阳能电池板供电形式，因此它的能效设计要求极高。它是由美国洛克希德—马丁公司建造，整个探测任务的运行是由宇航局下属喷气推进实验室负责。

美国宇航局"新疆界"计划实施的第二个探测项目就是"朱诺号"探测器。第一个项目是 2006 年 1 月发射的"新视野号"探测器，它如今还在飞往冥王星的途中。

知 识 库

是否有可能存在生命？

第 38 届国际天体研究学术讨论会上，科学家认定土卫 6、土卫 2、火星以及木卫 2 有可能存在生命。这 4 颗天体，每一个都有可能发现生命。但人类对它们的了解还是猜测多于答案。

链接："朱诺"的新技术

　　和地球相比，木星的辐射环境比较严峻，但是没有火星那么残酷，所以借鉴火星抗辐射环境上的技术有助于科学家加强木星探测器防辐射的技术。美国的喷气推进实验室模拟了真实的木星辐射环境来进行测试抗辐射，确保原有的设计能符合探测器空间飞行条件以及木星的轨道环境。"朱诺"探测器上的抗辐射装置都会经过钴颗粒伽马射线放射测试，实验结果将为朱诺探测器提供更为可靠的防辐射措施。

◆探测器正在测试

太空慧眼——哈勃太空望远镜

哈勃望远镜是哈勃太空望远镜的简称，它是有史以来最精确、最大的天文望远镜，它能帮助人类实现探索外太空的梦想。哈勃太空望远镜在 1990 年被美国"发现号"航天飞机送入了太空轨道，从此成为了人类观测宇宙的眼睛。2010 年，是它进入太空的第 20 个年头，人们凭借它

◆哈勃太空望远镜

对天体精确的观测能力，揭示了更多宇宙的奥秘。

哈勃太空望远镜

美国航空航天局和欧洲航天局合作开发了哈勃太空望远镜，科学家们主要是想建立一个轨道天文台，能长期在太空中进行观测。为了纪念在 20

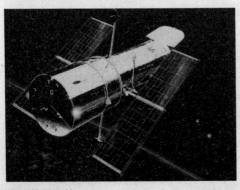
◆哈勃望远镜

世纪初期发现宇宙膨胀的美国天文学家艾德温·哈勃，这个望远镜就命名为哈勃望远镜。它重达 11 吨，全长有 12.8 米，镜筒直径 4.27 米，算得上送入轨道口径最大的望远镜。哈勃望远镜由三大部分组成，第一部分是光学部分，第二部分是辅助系统，第三部分是科学仪器。

因为地球大气层对电磁波传

输有较大的影响，在太空望远镜发明以前，人们观测太空受到很大限制。20世纪40年代，最早出现了空间望远镜的概念，哈勃太空望远镜可以算得上是第一台空间望远镜。哈勃望远镜在1990年4月25日正式发射升空，沿太空轨道运行的时速达2.8万千米。它的造价近30亿美元，它的出现使天文学家获得了更清晰与更广泛的观测图像，摆脱了地面条件的限制。这个望远镜获得了人们的高度赞誉，人们把哈勃望远镜的诞生看成和伽利略望远镜一样，是天文学走向空间时代的一个里程碑，人们把它赞誉为美国宇航局的"骄子"，天文"皇冠上的瑰宝"等。它改写了人类太空探测史。

> 在地球大气层外进行天文观测的大望远镜叫做空间望远镜。空间望远镜避开了大气层的影响，也不会因重力而产生畸变，因而可以大大提高观测能力及分辨本领。

伽利略和他的望远镜

伽利略发明的望远镜在人类认识自然的历史中是一个里程碑，占有重要地位。这个望远镜由一个凹透镜（目镜）和一个凸透镜（物镜）构成。其优点是能直接成正像，结构简单。伽利略不再只是把望远镜当做富商巨贾、文人墨客们作乐的玩具，而是用它来观察浩瀚的星空！他首先用它观察了人们眼中那个美轮美奂的月亮，然而月亮在他的望远镜中却成了一张千疮百孔、不堪入目的"大麻脸"！后来，他还用他的望远镜来观察太阳的黑子以及木星的卫星等。随后，伽利略写了《星座信使》一书公之于众，该书长达24页，但当时并未被接受，直到1611年他的发现才被证实。

◆伽利略望远镜

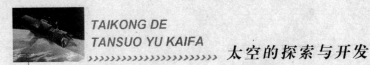
哈勃望远镜的战绩

　　哈勃望远镜能数得上是在宇宙中工作时间最长的人造卫星。它接收地面控制中心的遥控，将各种观测数据通过无线电传输回地球，科学家们再处理数据，用于各项研究。哈勃望远镜发现了一个又一个太空观测奇迹，例如，它探测到恒星和星系的早期形成过程，它发现了黑洞存在的证据，它观测到距离地球 130 亿光年的古老星系——这是迄今为止人类已发现的最遥远的星系。

　　让我们一起来欣赏一下哈勃望远镜精彩的摄影吧！

◆人们一致认为草帽星系照片是哈勃太空望远镜拍摄到的最好的照片之一。这个星系距离地球 2800 万光年，被称做 M104，它的规模跟它的外观一样壮观。该星系直径达 50000 光年，拥有 8 亿颗太阳

◆Mz3 是蚂蚁星云的专门名称，它是一个由尘埃和气体构成的云团。这个星云位于我们的银河中，距离地球 3000 到 6000 光年。在用地面望远镜观察时，发现它的外形与一只蚂蚁非常相似

◆相互环绕的星云位于大犬星座内两个正在形成中的星系 NGC 2207 和 IC 2163 的相互环绕中，两个核组成的图形类似一只怒目而视的眼睛，这只眼睛距离地球大约 1.14 亿光年

知 识 库

哈勃望远镜的核心计划

哈勃望远镜最早的核心计划之一就是要建立起由黑洞驱动的类星体和星系之间的关系。科学家们依靠"哈勃"所获得的数据和影像构建的模型证实了黑洞的存在。

哈勃望远镜到了晚年

◆韦伯望远镜

相对于望远镜的年龄来说，哈勃望远镜可以说已经到了"晚年"。如今，它每隔几年就需要进行更新维修，2009年5月是最近的一次大维修。2009年美国"亚特兰蒂斯号"航天飞机发射升空，这次太空之旅的任务之一是对哈勃望远镜进行维修，宇航员通过5次太空行走完成了维护，更换了大量辅助仪器和设备。这是对哈勃望远镜的最后一次维护，科学家希望它能继续为人类服务4年，也就是服务到2013年。届时，韦伯空间望远镜将接续哈勃望远镜的天文任务。

链接：韦伯望远镜

韦伯望远镜是美国宇航局带头，与欧洲航天局和加拿大航天局合作的项目。按照原计划应该在2011年发射升空，但由于制造技术方面的问题，这一时间不得不延迟到2013年，目前已经花费了近80亿美元。韦伯望远镜和哈勃望远镜比起来，它们在运行轨道上不同，韦伯望远镜不是围绕地球上空旋转，而是飘荡在

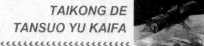
太空中的眼睛——空间望远镜和探测器见闻

从地球到太阳背面 150 万千米的空间。据说韦伯望远镜在许多研究计划上的功能都远远超过哈勃望远镜，它能比哈勃望远镜观测得更远，但它只观测红外线，在光谱的可见光和紫外线领域内无法取代哈勃的功能。

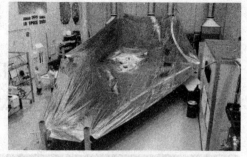

◆遮阳板展开后如网球场大小

寻找黑洞和超新星
——钱德拉太空望远镜

◆钱德拉太空望远镜

目前，太空中已有不少太空望远镜在运行，它们观测不同波段的物体，例如：史匹哲太空望远镜是观测红外波段的，哈勃太空望远镜是观测可见光波段的，康普顿太空望远镜是观察γ射线波段的，它已在 2000 年退役，而接下来我们要一起了解的是可观测 X 光波段的钱德拉太空望远镜。钱德拉望远镜的特点是兼具极高的光谱和空间分辨率，被认为是 X 射线空间望远镜上的里程碑，它标志着 X 射线天文学从测光时代进入了光谱时代……

钱德拉太空望远镜

　　钱德拉 X 射线太空望远镜是在 1999 年 7 月 23 日被送入太空的。宇宙中的黑洞和暗物质是它帮助天文学家搜寻的目标，使天文学家更深入地了解宇宙的起源和演化过程。钱德拉太空望远镜原来被称为高级 X 射线天体物理学设施，后来为纪

　　1983 年，钱德拉·谢卡尔因对恒星结构与演化的研究成果而获诺贝尔奖。钱德拉是朋友和同事对他的称呼，梵语有"月亮"和"照耀"的意思。

TAIKONG DE
TANSUO YU KAIFA

念印裔美籍天体物理学家钱德拉·谢卡尔而改名。钱德拉望远镜是第三颗美国航宇局"大天文台"系列空间天文观测卫星。共由 4 颗卫星组成，其中哈勃太空望远镜和康普顿伽马射线观测台已分别在 1991 和 1990 年发射升空，另一颗卫星是于 2003 年发射成功的斯皮策太空望远镜。斯皮策太空望远镜是太空红外望远镜设施。

钱、哈对比

哈勃太空望远镜和钱德拉太空望远镜比起来有一些不同，哈勃太空望远镜观测可见光，而在另一轨道上运行的钱德拉望远镜则捕捉 X 射线。钱德拉太空望远镜是为了观察 X 射线而设计的，这些射线来自宇宙最热的区域。与可见光的光子相比，X 射线有什么独特之处呢？X 射线穿透能力极强，具有更高的能量，就像子弹一样能够穿透光学望远镜所使用的抛物面镜，但是当它掠过镜子表面的时候会改变方向。所以钱德拉望远镜有 4 副镜子，这些镜子可以像"漏斗"一样把 X 光集中到高性质照相机内。望远镜上面的瞄准系统的精度非常高对，它能够非常精确地瞄准 1 千米以外鸡蛋大小的物体，仪器在测量 X 射线能量的同时还能够拍出高清晰度的照片。它极为敏锐，能够捕捉遥远外太空即将进

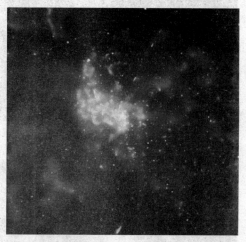

◆钱德拉太空望远镜拍摄的超重黑洞视界的照片

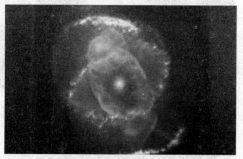

◆钱德拉和哈勃望远镜数据合成的图像

入黑洞的粒子图像。

钱德拉的丰功伟绩

◆老鹰星云的 X 射线源

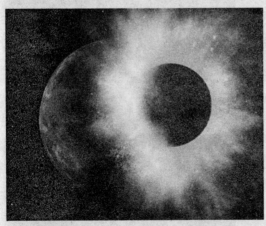

◆水母星云

众多天文现象中的类星体、超新星爆发遗迹、黑洞、恒星爆炸、暗物质和星云的清晰图像被钱德拉 X 射线太空望远镜记录下来。科学家相信，钱德拉将为我们理解生命起源作出贡献。左边第一张图片是由钱德拉 X 射线天文台拍摄的老鹰星云的中央区域，图片显示了其中的"创造之柱"，在该区域内大量的恒星在诞生的过程中。老鹰星云能量巨大，是许多新生恒星的摇篮，它能够"孵化"出大量恒星并滋养它们，并能够向外产生滚滚涌出的气体和星际尘埃。图中大多数明亮的 X 射线源自新生的恒星。

左边第二张图片是钱德拉 X 射线太空望远镜拍摄的水母星云。

趣说笑谈——水母星云

水母星云位于双子座，是一个古老的行星状星云，距离我们约 1500 光年。

据估计，水母星云的宽度应该超过了 4
光年。该星云的名字来源于希腊神话
中的人物梅杜莎。梅杜莎是一个长着
一头美丽秀发的少女，但是她太过骄
傲，说自己比雅典娜女神还漂亮，这
句话激怒了雅典娜，于是梅杜莎被雅
典娜用法术变成了妖怪，她的秀发被
变成了一条毒蛇，她的眼睛闪着骇人
的光，任何人只要看上一眼，马上就
会变成一块毫无生气的石头。

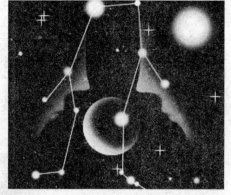

◆双子座

未来展望

在钱德拉望远镜之前，人类也
曾发射过小一些的 X 射线望远镜。
与它们的灵敏度相比，钱德拉要高
出 20～50 倍，但钱德拉远远不是太
空望远镜的终结者。天文学家正在
研发下一代太空望远镜，它计划在
2013 年发射升空，它将围绕太阳轨
道而非地球轨道转动。同时，地面
望远镜也像太空望远镜一样，也已
经把目标指向下一代望远镜的开发。

◆加那利大型望远镜

目前的望远镜物镜尺寸在 8～10 米级
别，下一代望远镜将超越这一数字。谁是有史以来最大的望远镜，让我们
一起期待。

寻找高能伽马射线
——康普顿太空望远镜

　　自从天文学家设计和制造出太空望远镜以来，它们各自都有不同的特点，担任各自特殊的任务。著名的太空望远镜之一的康普顿太空望远镜是美国发射的，专门用来探测伽马射线。它于 1991 年升空，2000 年溅落于太平洋，它 9 年的宇宙旅行中建立了一次又一次的功劳。

◆康普顿太空望远镜

康普顿的一生

◆ "亚特兰蒂斯号" 航天飞机升空

　　"亚特兰蒂斯号" 航天飞机在 1991 年 4 月 5 日升空，携带着康普顿太空望远镜，两天后它们进入轨道。康普顿伽马射线太空望远镜总重约 17 吨，其中天文仪器约重 7 吨，这在当时是非常先进的望远镜。按照设计，康普顿伽马射线太空望远镜的寿命为 5 年，但它却兢兢业业地工作了 9 年。在 1999 年底的时候，发生了一个小小的故障，卫星上的一个陀螺仪因故障而失灵——陀螺仪是用来进行姿态控制的，三个陀螺仪中只允许有一个损坏。也就是说，如果再有一个陀螺仪损坏，将导致卫星失控而坠毁。出于安全考虑，美国宇航局决定放弃这颗卫星。在2000年5月26日它传回最后一次太阳观测资料后，美国宇航局指引卫星开始一连串点火，数十天后它坠入地球大气层烧毁。

◆康普顿太空望远镜

康普顿的任务

康普顿望远镜主要用来探测宇宙中的伽马射线。什么是伽马射线呢？那是一种不可见光，在地球上很难探测到。伽马射线能量很强。康普顿太空望远镜因在2000年3月发现太空中存在一群奇特而强大的伽马射线源而被列入2000年世界科技大事记。

◆伽马射线

链接：伽马射线

伽马射线（γ射线）是不可见光的一种，它是原子衰变裂解时放出的射线之一。伽马射线的穿透力很强，电磁波波长极短，又携带高能量，容易造成生物体细胞内的DNA断裂进而引起细胞突变、癌症、造血功能缺失等疾病。

科学家们认为，宇宙中的伽马射线暴是伽马射线突然增强的一种现象。每隔500万年左右就会出现

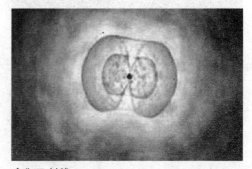

◆伽马射线

TAIKONG DE
TANSUO YU KAIFA

◆伽马射线暴

一次，对地球生物造成致命的影响。这样算来，伽马射线暴至少给地球生命带来了 1000 次的灾难性伤害。

一颗撞向地球的小行星在 6500 万年前导致了恐龙灭绝，天文学家认为，来自外太空的杀手远不止这一个，早在 4 亿年前，地球曾经历过另外一次生物大灭绝，罪魁祸首就是伽马射线暴。伽马射线暴是银河系恒星坍塌后爆发的。

伽马射线暴是迄今人们所知道的最具破坏力的爆炸。古生物学证据显示，奥陶纪时代，也就是 4.43 亿年前，伽马射线是曾引发地球上最大的 5 次大灭绝的罪魁祸首之一。

康普顿的战绩

◆蟹状星云

除了康普顿，已在地球轨道上的钱德拉X射线望远镜、哈勃太空望远镜以及于2001年升空的红外望远镜共同构成了大型太空望远镜阵列，继续观察着神秘莫测的宇宙深处……

康普顿伽马射线望远镜的"职业生涯"分为两个阶段。第一次巡天，它观测了天鹅座 X－1、天鹅座 X－3、蟹状星云等天体；第二次巡天，它观测了太阳的耀斑爆发。探测到了超新星 1987A 的 1015 电子伏的辐射、天鹅座X－3的1012 电子伏的高能辐射。在最初的 4 年时间里，它在宇宙发现了 271 个伽马射线源。它在 1997 年发现了正负电子湮灭产生的谱线，该谱线位于银河系中心附近，能量为 511 电子伏，这表明一个巨大的反物质喷流的存在。在它执行任务期间，记录了约 2500 个伽马射线暴，天

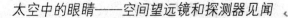

文学家通过分析发现它们在天空中的分布是各向同性的。根据观测资料，天文学家将伽马射线暴分为长暴和短暴两类，以 2 秒为界。它还在 1999 年观测了著名的伽马射线暴 GRB 990123 及其光学波段的余辉。9 年间，康普顿望远镜谱写出了一本厚厚的辉煌史，它成为人类在外层空间犀利的"眼睛"。

后继有人

虽然康普顿望远镜取得了一系列的成就，但由于时间的有限性，它所能完成的科学任务还是有局限的，继它之后，美国以及欧洲和日本的一些部门合作，设计并发射了一台能力更强的伽马射线望远镜，简写为 GLAST。这台望远镜在 2008 年被发射上天，期间经过了整整 15 年的准备时间。

◆GLAST 升空一刻

揭开暗物质的神秘面纱
——费米伽马射线太空望远镜

◆费米伽马射线太空望远镜

费米伽马射线太空望远镜在2008年6月被发射升空。它是世界上最强大的望远镜，它通过高能伽马射线观察宇宙。最初这个天文台被称做伽马射线广域空间望远镜，当这台望远镜建成后开始正常运行时，人们又给它重新命名为费米伽马射线太空望远镜，这是根据意大利科学家恩里科·费米的名字命名的。

最极端能量分布图

费米伽马射线太空望远镜的工作都依赖于它所携带的摄像机，它可以对宇宙展开深入探测，从太阳系内部到距地球数十亿光年的遥远星系，以寻找称为伽马射线的高能射线的来源。伽马射线是不可见光，波长比紫外光、甚至X光线的波长短，处于电磁波谱图的右侧远端，但能量超过紫外光和X光线。

◆美太空望远镜绘出宇宙中最极端能量分布图

费米太空望远镜仿佛使我们的眼睛可以探测到能量是可见光1.5亿倍

的射线，研究团队结合了费米空间望远镜从 2008 年 8 月 4 日到 2008 年 10 月 30 日历时 87 天的观测数据，制作的太空全景图向我们展示了一个神奇的宇宙。

美国斯坦福大学广域空间望远镜项目首席科学家彼得·米切尔森说："相比以前的太空望远镜，费米太空望远镜可以让我们对太空实施更深入、更清晰的观测。我们将会看到遥远星系中超大质量黑洞喷发的火焰，看到高质量的双星系统、脉冲星，甚至是太阳系中的球状星团。"

太空全景图中还包括太阳。在未来几十年，随着太阳活动日趋增强，科学家估计太阳会产生越来越多的高能耀斑。米切尔森解释说："因为太阳看上去是以天空为背景移动，它在地图右上方生成了一个昏暗的圆弧。除了费米广域空间望远镜，其他任何仪器都无法观测到这台望远镜能量范围内的太阳耀斑。"

万花筒

依据太空全景图，费米太空望远镜研究团队提出了"十大伽马射线源"名单，五个射线源在银河系内，五个射线源在银河系以外。

小知识——恒星残余物射线爆发

距离地球 3 万光年的一个恒星残余物中频繁发生一些高能伽马射线爆发，这种爆发宛如天国焰火。这个爆发是在 2009 年初利用美国宇航局的"雨燕"卫星和费米伽马射线太空望远镜观察到的。

这些美丽的天上"焰火"是从一种被称做"软 γ 射线复现源"的中子星中发出的，非常罕见。这种天体会时不时地喷发出一系列伽马射线和 X 射线。

◆当磁星表面突然破裂，中子星就可能会出现伽马射线爆发

穿透星际气体和尘埃
——斯皮策太空望远镜

斯皮策太空望远镜是人类送入太空的最大的红外望远镜，它隶属于美国宇航局和加州理工学院，发射于2003年，它的运行轨道位于地球公转轨道后方、环绕太阳的地方。斯皮策太空望远镜是美国宇航局发射的四大太空望远镜之一。虽然斯皮策与哈勃都是太空望远镜，但它们的任务有所不同，斯皮策则以观测天体红外波段为主，而哈勃以光学观测为主。

◆斯皮策太空望远镜

发现两颗行星大碰撞

◆两颗行星的相撞事件发生在数千年前或更久远的年代

美国天文学家发现两颗围绕一颗年轻恒星运行的行星曾在数千年前发生过相撞。这是利用斯皮策望远镜发现的。这两颗行星的相撞事件发生在数千年前或更久远的年代，但这仍是距今相对较近的时间。望远镜在进行观测时发现了这次相撞过程中由蒸发的岩石和熔岩残余物形成的烟柱。据计算机模拟显示，那颗较小的行星体积大约跟月球差不多，它在这次撞击过程中被完全摧毁了。另一颗跟水星差不多大的行星上面留下了很深的凹痕，不过它幸存了下来。

研究人员发现，这两颗行星以每秒 1 万米的速度相撞。猛烈的撞击释放出无定形二氧化硅岩石（或称熔融玻璃）和被称做熔融石的坚硬的大块熔岩。斯皮策太空望远镜还发现由岩石蒸发产生的大团旋转运行的一氧化硅气体。

斯皮策太空望远镜上的红外探测器还发现，距离地球大约 100 光年的地方，在这颗编号为 HD 172555 的年轻恒星周围发现碎岩石和重新凝固的熔岩仍处于行星形成的早期阶段的迹象。

点击 普遍的碰撞现象

在太阳系的早期阶段，宇宙中这种猛烈的撞击事件非常普遍。例如，人们认为是大规模撞击促使金星向相反方向旋转，使天王星向一侧倾斜，并剥掉了水星的外层。通常小岩石相撞和合并时，像地球一样的岩质行星就会与它们结合，慢慢变大。

链接：因为红外功能所以强大

所谓红外望远镜，指的是望远镜能够探测到目标发出的红外辐射。斯皮策望远镜就是红外望远镜，波长在 3 微米至 180 微米之间的红外辐射都能尽收"眼"底。它的红外探测灵敏度极高，而这个波段一直是地面望远镜的盲区，因为其范围内的辐射抵达地面时会被地球大气层阻挡，因此斯皮策望远镜能探测到宇宙中那些难以探测到的天体，比如一些暗淡的小型恒星。斯皮策望远镜的红外之"眼"与其他光学天

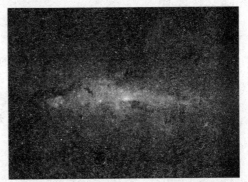

◆斯皮策太空望远镜的红外摄像机穿透了银河系中心区域的这些尘埃，向我们揭示了这个拥挤的区域

文观测设备相比，斯皮策望远镜能够穿透尘埃、气体，看到其背后隐藏的无限奥秘。

发现蛇状黑色天体

◆美国宇航局的斯皮策太空望远镜拍到的这些红外图，显示了被天文学家称做"蛇"的黑色云团

美国宇航局利用斯皮策太空望远镜发现一个黑色天体，形状像蛇一样，位于银河系中心，看起来很像宇宙大裂缝，但实际上这张令人吃惊的图片上的黑色裂缝其实是一个密实的黑色云团。它的体积极大，足以容纳几十个太阳系。天文学家表示，很多正在形成的恒星聚集在它的"腹部"。

肖恩·凯里博士来自于美国宇航局斯皮策科学中心，他说："这个蛇状云团是寻找正在形成的庞大恒星的理想之地，因为这些新星还没积聚足够的能量，无法摧毁孕育它们的云团。"该天体隐藏在银河系的尘埃盘里，光学望远镜根本无法看到它。斯皮策太空望远镜利用它的热跟踪红外装置发现了这个弯曲的云团。

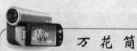

万花筒

蛇状云团的奥秘

斯皮策太空望远镜的这项最新发现，说明这个蛇状云团里可能隐藏着一些秘密。那些位于它周围和上面的黄色和橙色斑点是刚刚成形的庞大恒星。位于它腹部的鲜红色斑点是一个巨大的恒星胚胎，它的质量大约是太阳的 20 到 50 倍。

广角镜——"黑寡妇"星云"产仔"

银河系内一个巨大的"黑寡妇蜘蛛"正产下"幼仔"，并不断向周围喷发强放射物。黑寡妇星云是一个由尘埃、气体和恒星构成的云团，它就挂在银道面上方，距离地球大约1万光年，很多庞大的年轻恒星正在这个星云的中心慢慢形成。美国宇航局的斯皮策太空望远镜捕捉到从星云中心延伸出来的像纤细的蜘蛛腿的尘埃束。艾迪·库尔克威尔——美国麦迪逊市威斯康星大学

◆黑寡妇星云"产仔"

的天文学家负责领导了这项观测项目，他表示，这些可怕的"坏孩子们"实际上正在喷发粒子和放射物，而这些物质基本上正在摧毁它们的诞生物。

发现宇宙最原始黑洞

研究小组利用斯皮策太空望远镜发现的两个类星体，分别是J0303－0019类星体和J0005－0006类星体，它们很小，距离地球130亿光年，其中一个类星体发射出的X射线也被美国宇航局的钱德拉X射线望远镜观测到。当围绕在类星体周围的气体被吞噬时，类星体会发射出紫外线、X射线和可见光。

◆艺术概念图，一个新发现的黑洞潜伏在一个年轻且拥有大量恒星的星系中部

斯皮策望远镜测试了包括其他19个类星体在内的类星体发射的红外线。研究小组成员在2006年到

2009 年间开始观测 J0005—0006 类星体和 J0303—0019 类星体，其中心都有一个比太阳质量大 1 亿倍的超大质量黑洞。所有 21 个星体都是目前所知的非常遥远的类星体。

斯皮策望远镜的数据表明，在 21 个类星体中，J0005—0006 类星体和 J0303—0019 类星体上没有尘埃。樊晓辉说："我们认为这两个黑洞形成的时间大致在宇宙大爆炸后的 10 亿年之内，这是宇宙中尘埃刚刚形成的时期。"

研究人员观测到类星体中尘埃的数量和黑洞质量一起都在增加。研究人员发现 J0005—0006 类星体和 J0303—0019 类星体中心黑洞的质量最小，表明这两个类星体还非常年轻，在这一时期，它们周围还没有尘埃产生。

小 知 识

什么是类星体

类星体质量是巨恒星死亡后形成的黑洞的数千到数百万倍。类星体位于星系的心脏地带，即使从可观测宇宙边缘也能探测到类星体的身影，因为它们能够放射出数量庞大的光线。由于光线从可视宇宙边缘抵达地球需要数十亿年，所获取的有关这些区域的数据允许科学家看到过去发生的事情。

链接：首次发现布基球踪迹

在 2010 年 7 月 23 日，美国航天局宣布，加拿大西安大略大学天文学家利用斯皮策太空望远镜首次在太空中发现了布基球的踪迹。

布基球即 C_{60}，是由 60 个碳原子构成的碳同素异形体，呈类似微型足球的笼状结构。此外，天文学家还在太空中首次发现了 C_{70}，它由 70 个碳原子组成，类似椭圆形橄榄球。

天然的碳能够以多种形式存在，常见的两种形式是石墨和金刚石，第三种形式是不太常见的富勒烯。C_{60} 和 C_{70} 均属于富勒烯。天文学界曾预测太空中存在布基球，但此前从未发现过。

扬·卡米——领导这项研究的加拿大西安大略大学的天文学家，他说："我

们发现了太空中已知存在的最大分子，我
们特别激动，因为布基球拥有独有的特
征，它们在太空中发生的多种进程中都扮
演着重要角色。"

◆C_{60}模型

探求宇宙的起源
——威尔金森微波各向异性探测器

◆威尔金森微波各向异性探测器

按照天文学理论，宇宙起源于大爆炸。宇宙微波背景辐射是指宇宙爆炸发生后约 38 万年释放的大量辐射热。1992 年，美国宇航局发射了一个航天器，对宇宙微波背景辐射的微小变化进行探测。在 2001 年，美国宇航局又发射了威尔金森微波各向异性探测器，用来研究宇宙微波背景辐射更为细微的变化，令科学家对大爆炸后宇宙的状况有了初步的了解。

宇宙微波背景辐射

美国射电天文学家阿尔诺·彭齐亚斯 1933 年 4 月 26 日生于德国慕尼黑。他随父母在 4 岁时移居美国，21 岁毕业于纽约市立大学，25 岁时获哥伦比亚大学硕士学位，1961 年到贝尔电话实验室工作，第二年获博士学位。1972 年彭齐亚斯任该实验室无线电物理研究部主任，1975 年当选为美国国家科学

◆阿尔诺·彭齐亚斯（左）和罗伯特·威尔逊（右）

院院士。

罗伯特·威尔逊 1936 年生于得克萨斯州的休斯敦。在赖斯大学就读期间，由于少年时期对电子学的爱好，他起初攻读电机工程学，后来改读物理学。1962 年，他以射电天文学方面的论文获得加州理工学院的哲学博士学位。次年，他成为射电天文学研究员。他也曾担任贝尔电话实验室无线电物理部主任一职。

◆辐射遗迹就好比在寒冷的冬天，我们在屋里生起火炉取暖，即使火炉熄灭了，屋里仍会因为火炉的余热而温暖一段时间

20 世纪 60 年代初，科学家们需要找出可能会干扰通讯的一切因素来改进卫星通讯，尤其是噪声源。为此，彭齐亚斯和威尔逊一起合作建立了灵敏度很高的定向接收天线系统。他们发现，在估计了所有噪声源之后，老是有一个噪声得不到解释，也无法消除，这噪声温度大致相当于 3.5 开尔文处。更加令人迷惑不解的是，这个残余温度是各向同性的，没有方向变化；也不随季节交替而变化；与太阳无关，也没有周期变化。

他们不停地思考，是什么原因造成这种 3.5 开尔文宇宙噪声的呢？正当这两位无线电工程师对此现象迷惑不解时，彭齐亚斯有一次无意中了解到辐射遗迹的概念。这个概念来自于普林斯顿大学物理系教授迪克等人写过的一篇论文，这篇论文根据大爆炸理论预言，在大爆炸后应当留下余热，就是辐射遗迹，只是由于宇宙膨胀所产生的多普勒红移效应，大爆炸产生的辐射当初处于可见光和红外波段的波长发生了红移，落到了比红外线频率更低的微波波段上。所以直到今天，大爆炸应当留有 10 开尔文温度的余热，它是波长为 3 厘米的微波辐射。

万花筒

整个宇宙的每个角落都有宇宙背景辐射，彭齐亚斯和威尔逊的这一发现轰动了全世界，还共享了 1978 年度的诺贝尔物理学奖，并使宇宙大爆炸

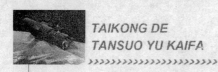

理论得到了强有力的支持。

于是彭齐亚斯和威尔逊赶紧向迪克等发出邀请，请他们到贝尔实验室访问和深入研讨，彭齐亚斯和威尔逊确信，他们所发现的这种消除不掉的微波噪声，正是迪克的研究组根据大爆炸理论所预言的辐射遗迹。

宇宙微波背景辐射的扰动

◆约翰·马瑟（左）和乔治·斯穆特（右）

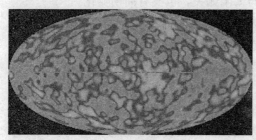

◆科勃卫星测绘的微波背景辐射分布图

马瑟和斯穆特赢得了 2006 年的诺贝尔奖，他们俩实现了对微波背景辐射的精确测量，标志着宇宙学进入了"精确研究"时代。

美国国家航空航天局（NASA）马里兰州戈达德航天中心的高级天体物理学家约翰·马瑟目前任普林斯顿大学数学系教授。他 1964 年毕业于哈佛大学数学系，1967 年从普林斯顿大学获得博士学位，1978 年被美国国家科学院授予凯蒂奖章（该奖面向所有自然科学），1983 年当选为美国国家科学院院士，2003 年获得美国数学会贝克豪佛数学大奖。

乔治·斯穆特于 1970 年在麻省理工大学获物理学博士，他在加州大学工作至今，任大学物理学教授，从事天体物理学、宇宙学的研究。他研究大爆炸的有关问题。

目前科学界普遍接受的宇宙起源理论认为，宇宙诞生于距今约 137 亿年前的一次大爆炸。大爆炸的余烬形成了微波背景辐射，它均匀地分布在宇宙空间。通过测量宇宙中的微波背景辐射，就可以了解宇宙中恒星和星系的形成过程，并可以"回望"宇宙的"婴儿时代"。在20世纪60年代，微波背景辐射的存在已经被证实，但针对这种大爆炸余烬的测量工作进展十分缓慢，都是在地面上展开。大爆炸理论曾预测，微波背景辐射应该具有黑体辐射特性，但一直未能得到地面观测结果的确认。

美国在1989年11月发射了科勃——宇宙背景探测者卫星，科勃首次探测深空时，看到的宇宙既无形状亦无变异，

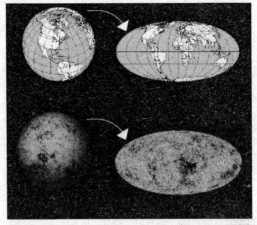

◆威尔金森微波各向异性探测器观测到的宇宙微波背景辐射图。根据该图科学家们测出宇宙的年龄为137亿年

非常完美，大爆炸的余辉是均匀、浩瀚的背景，以仅高于绝对零度的温度向四方空间辐射。

科勃是第一颗用来探索宇宙论的卫星。它的目的是调查宇宙微波背景辐射，而它测量和提供的结果将可以帮助我们了解宇宙的形状，并巩固宇宙的大爆炸理论。

马瑟和斯穆特领导1000多人的研究团队借助1989年发射的宇宙背景探测者卫星——科勃（COBE），首次完成了对宇宙微波背景辐射的太空观测研究。他们对科勃卫星的测量结果进行分析、计算后发现，宇宙微波背景辐射与黑体辐射非常吻合，从而进一步支持了大爆炸理论。另外，他们还借助科勃卫星的测量发现，宇宙微波背景辐射存在所谓的各向异性，也就是说，在不同方向上温度有着极其微小的差异。这种微小差异揭示了宇宙中的物质如何积聚成恒星和星系。

千年飞天梦

——中国太空探索之旅

飞天是中华民族数千年以来的共同梦想。在我国成功发射"神舟一号"至"神舟四号"无人飞船之后，茫茫太空迎来了中国航天员杨利伟——第一位来自嫦娥家乡的客人。我国成为世界上第三个独立掌握载人航天技术的国家，"神五"圆了中国人的飞天梦，树起了中国载人航天史上第一座里程碑；"神六"首次实现了两人五天的太空飞行，并且开展了太空科学实验，树起了中国载人航天史上第二座里程碑，我国从此成为世界上第三个能够独立开展空间科学试验的国家。"神七"再次探索苍穹，在发射伴飞卫星和出舱行走方面攀登载人航天科学探索的新高度。

千年飞天梦——古代太空探索历程

早在新石器时代，中国的先民们就开始了对日、月等天象的观察，它们注意到了物候和天象的周期变化有密切的联系。在古代，人们没有仪器，只能靠人的双眼和智慧来观测，而他们所留下的记录是叹为观止的，在全世界范围是独一无二的。随着人们对天文观测需求的增加，仅仅靠肉眼来观测是远远不够的，智慧的人民制造了各种仪器来精确地测量、记录天文现象。

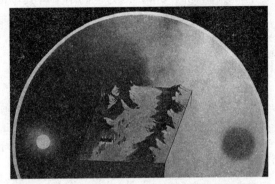

◆远在人类社会的早期，中国古代就逐渐形成"天圆如张盖，地方如棋局"的朴素的直观见解

天象的观察和记录

4000多年前，中国就有对彗星的观测和研究，拥有世界上最早、最完整的彗星记录。我国古代称彗星为"星孛"，《春秋》上记录了鲁文公十四年，也就是公元前613年出现的彗星："秋七月，有星孛入于北斗。"这是人类历史上关于哈雷彗星的

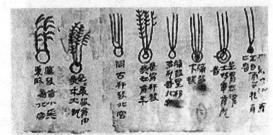

◆长沙马王堆三号汉墓帛书中有画着各种形态的彗星图29幅

最早记录。哈雷彗星每76年出现一次，是一颗周期彗星。哈雷彗星每次出

现，我国都有详细的记录。如《史记·秦始皇本纪》记载："始皇七年，彗星先出东方，见北方，五月见西方……彗星复见西方十六日。"这段记载的年、月、日及位置和近代科学家推算的完全相符。

当日食发生时，本来光芒四射的太阳会突然成为一个暗黑的圆面，变得暗淡无光，星星却出现在白日的天空，这样的奇特景象，对古人来说是一件惊天动地的大事，因为他们不了解其中的原因，自然成为中国先民们观测天象的重点。日食的发生具有一定的周期性。我国是世界上较早发现日食周期的国家之一。

点 击　　　珍贵的文化遗产

在中国古代，古人长期不断地进行天象的观察和记录，取得了辉煌的成就。这些天象纪事是一份极为珍贵的文化遗产，其中许多是世界上最早的记录，不仅内容翔实，还世代相传，至今对于现代天文学的研究仍起到重要的作用。

小知识——流星的观测记录

◆肉眼观测到的流星雨

中国人对流星群、流星的记载和其他国家比起来是最早的。古书《竹书纪年》中就有关于流星的记录："夏帝癸十五年，夜中星陨如雨。"《左传》记载了世界上最早的天琴座流星雨："鲁庄公七年，夏四月辛卯夜，恒星不见，夜中星陨如雨。"我国古代的流星雨记录达180次之多。中国人不仅记录流星，而且能准确地指出陨石的来历："星坠至地，则石也"（见于《史记·天官书》）。而在欧洲，公元1768年曾发现三块陨石，对此巴黎科学院推举拉瓦锡作研究，他得出的结论却是："石在地面，没入土中，电击雷鸣，破土而出，非自天降。"一直到公元1803年欧洲人才知道陨石的由来。

智慧的结晶——古代天文仪器

很早以前，人们发现房屋、树木等物体在太阳光照射下投出影子的变化有一定的规律。古人发现用一把尺子测量物体影子的长度和方向，则可以知道时辰，于是古人便在平地上直立一根竿子或石柱来观察影子的变化。这根立竿或立柱就被叫做"表"。后来，正午时的表影总是投向正北方向，古人就把石板制成的尺子平铺在地面上，与立表垂直，尺子的一头连着表基，另一头则伸向正北方向，这把用石板制成的尺子叫"圭"。正午时表影投在石板上，古人就能直接读出表影的长度值。

经过长期观测，古人不仅了解到一天中表影在正午最短，而且得出一年内夏至日的正午，烈日高照，表影最短；

◆现存于河南登封观星台上的42米长的巨大圭表

冬至日的正午，煦阳斜射，表影则最长。于是古人就以正午时的表影长度来确定节气和一年的长度。古人早就知道一年等于365天多的数值。这是因为连续两次测得了表影的最长值，这两次最长值相隔的天数就是一年的时间长度。

◆很清楚吧，现在是几点？

日晷又称"日规"，它是我国古代利用日影测得时刻的一种计时仪器，通常由铜制的指针和石制的圆盘组成。铜制的指针叫做"晷针"，垂直地穿过圆盘中心，起圭表中立竿的作用。晷针又叫"表"，石制的圆盘叫做"晷面"。日晷安放在石台上，呈南高北低，使晷面平行于天赤道面，这样，晷针的上端正好指向北天极，下端正好指向南天极。在晷面的正反两面刻画出 12 个大格，每个大格代表两个小时。当太阳光照在日晷上时，晷针的影子就会投向晷面。太阳由东向西移动，投向晷面的晷针影子也慢慢地由西向东移动。晷针影子的移动就像是现代钟表的指针，晷面则是钟表的表面，以此来显示时刻。我国古代的人们真是非常的智慧。

广角镜——光的直线传播

　　圭表以及日晷的作用原理，正说明了光是直线传播的这一原理。物体挡住了光的传播路线就形成了影子。科学家用月球上山峰的影子计算出山峰的高度；人们用影子的原理计算出高楼的高度；艺术家用影子的原理发明了很有趣的皮影戏。

◆生活中的太阳光、月光、灯光、火光都能照出物体的影子

　　在医院，医生动手术时如果有影子会让他们看不清，就会发生医疗事故，所以他们向科学家求助，科学家就发明了一种无影灯，在这种灯下影子就会没有了。亲爱的朋友们，通过以上这些讲解，大家一定明白了影子就是由于光的直线传播受阻产生的。

飞天揽月——嫦娥系列卫星

中国航天探月工程的代号是"嫦娥奔月"。"绕"、"落"、"回"，是中国探月工程在 2020 年前设定的三大目标。所谓的"绕"是指在 2007 年，"嫦娥一号"卫星首次实施中国人的绕月探测；"落"是指"嫦娥二号、三号、四号"卫星陆续出发，在 2013 年前后，实现首次月球软着陆和自动巡视、勘测并开展月基天文观测；所谓"回"是指在 2020 年前进行首次月球样品自动取样，在现场分析取样的基础上，采集关键样品返回地球。

◆嫦娥奔月是远古神话，是我国古代十大爱情故事之一

买了单程票的嫦娥一号卫星

中国自主研制并发射的首个月球探测器被命名为"嫦娥一号"。它是由中国空间技术研究院研制的，以中国古代神话人物"嫦娥"命名。"嫦娥一号"于 2007 年 10 月 24 日在西昌卫星发射中心由"长征三号甲"运载火箭发射升空。"嫦娥一号"卫星的任务主要是分析月球表面有关物

◆中国首张月球照片图。图幅实长约 460 千米，宽约 280 千米

质元素的分布特点，获取月球表面三维影像，探测地月空间环境，探测月壤厚度等。

经过十几天的飞行，2007年11月15日"嫦娥一号"进入绕月轨道。"嫦娥一号"共飞行了一年零四个月的时间，发回大量科学数据，在超额、超预期完成任务后，于2009年3月1日受控撞月，中国人的印迹首次留在了月球。中国科学家根据它发回的照片制作了第一幅全月球影像图，也是迄今为止世界上已公布的最清晰、最完整的月球影像。

我国首次探月工程的圆满成功，是继人造地球卫星、载人航天取得成功之后我国航天事业发展的又一座新的里程碑，标志着我国已经独立自主地全面掌握了绕月飞行技术，是中华民族在攀登世界科技高峰的征程上实现的又一历史性跨越，是我国推进自主创新，建设创新型国家取得的又一标志性成果，是中华民族为人类和平开发，利用外层空间作出的又一重大贡献。

万花筒

"嫦娥一号"发射成功使中国成为世界上第五个发射月球探测器的国家。将"嫦娥一号"卫星送上太空的"长征三号"甲运载火箭，被誉为金牌火箭。

讲解——"嫦娥一号"如何传输信号？

◆ "嫦娥一号"模拟图

按照科学家的幽默说法，这次"嫦娥一号"买的是"单程票"。那么"嫦娥一号"卫星是如何从38万千米外将探测数据传回地球的呢？这归功于它的天线。"嫦娥一号"卫星携带的传输天线有两部：一部是全向天线，也就是没有固定方向的天线；一部是定向天线，方向始终对着地球上的接收天线。由于巨大的时间延迟、空间衰减，大大增加了地面接收月球探测数据的技术难度。为此，我国科学家专门建造了两座大口径天线，被称为射电望远镜。一座在云南昆明，天线口径达40米；一座在北京密云，天线口径达50米。两座大口径天线像一双巨大的眼睛，时刻注视着"嫦娥一号"卫星的一举一动，把卫星传输来的信息全部收集起来。

"嫦娥一号"卫星的姐妹星

"嫦娥一号"卫星有一颗由长三丙火箭发射的姐妹星——"嫦娥二号"卫星（简称"嫦娥二号"，也称为"二号星"）。"嫦娥二号"于2010年10月1日18时59分57秒在西昌卫星发射中心发射升空，并获得了圆满成功。"嫦娥二号"卫星上搭载的探测设备有所改进，CCD相机的分辨率更高，所探测到的有关月球的数据更加翔实。

"嫦娥一号"CCD相机分辨率是120米，而"嫦娥二号"在100千米圆轨道运行时分辨率优于10米，进入100千米×15千米的椭圆轨道时，其分辨率能达到1米，已超过了原先预定的1.5米的指标。将来"嫦娥三号"着陆器上也同样有CCD相机，它不光用来拍照，还能根据图片自主选择着陆器的降落地点，"临机决断"，为着陆器选择适宜降落的平坦表面。

国防科技工业局在2010年11月8日首次公布了"嫦娥二号"卫星传回的月球虹湾地区的局部影像图，这一区域是"嫦娥三号"预选着陆区。公布的月球虹湾地区局部影像图成像时间为10月28日18时，是卫星在距离月面大约18.7千米的地方拍摄获取的，是一张黑白照片。

科技文件夹

发射的"嫦娥二号"卫星最主要的一个任务就是对月球虹湾地区进行高清晰度的拍摄，而此次拍摄将为今后发射"嫦娥三号"卫星并实施着陆做好前期准备。

链接：登月着陆点可能选择月球南极

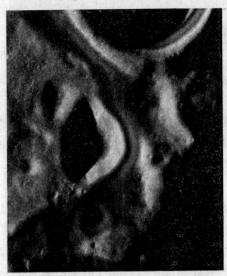

◆月球南极图

月球南极是最早最大的盆地，盆地里面有很多小坑。它也是月球最古老的一块区域，在科学上有特殊的意义。把最古老的东西挖出来了，我们也就可以了解月球最古老的历史。根据月球南极的特殊性，它已被排名在下一个着陆点，也将成为载人登月的着陆点。

月球南极的优势是别的地方不具备的。首先，温度条件好。由于有光照，所以温度不会突然变化，基本保持在零下60℃左右，非常有利于建立月球基地。其次，南极光照条件好。在月球南极96％以上的地方，一年四季均有光照，能提供给登月设备源源不断的能源。最后，在月球南极，通讯一直是朝向地球的，通讯条件极好。

五星红旗飘在太空
——"神舟号"无人试验飞船

我国的神舟系列飞船是自行研制的，是达到或优于国际第三代载人飞船技术的飞船，具有完全自主的知识产权。"神舟号"飞船与国外第三代飞船相比，具有起点高、具备留轨利用能力等特点。"神舟号"飞船由 13 个分系统组成，主要部件为返回舱、轨道舱、推进舱和附加段构成。本篇主要介绍"神舟号"无人试验飞船。

◆2002 年 4 月 1 日，"神舟三号"在预定地域着陆

航天事业迈出重要一步

"神舟一号"飞船承担着发射"长征 2 号 F"航天飞船的任务，是我国载人航天计划中发射的第一艘无人实验飞船，长征 2 号 F 载人火箭是在"长征—2F"捆绑式火箭的基础上改进研制的。1999 年 11 月 20 日 6 时 30 分，随着"点火"的口令，运载火箭喷出一团红色烈

◆1999 年 11 月 20 日"神舟一号"发射升空，11 月 21 日返回，飞行 1 天

焰，像一条巨型火龙，托举着试验飞船，呼啸着向太空飞去。这是长征系

列运载火箭的第 59 次飞行，这次的成功发射为我国的航天发射史册增添了新的一页。

在发射点火 10 分钟后，火箭与航天飞船分离，飞船准确地进入预定轨道。地面的各测控中心和分布在印度洋、太平洋上的测量船对飞船进行了跟踪测控，同时还对飞船内的姿态控制系统、生命保障系统等进行了测试。飞船在太空中共飞行了 21 个小时后于 1999 年 11 月 21 日凌晨 3 点 41 分顺利降落在内蒙古中部地区的着陆场。

"神舟一号"试验飞船的成功发射与回收是我国航天史上的又一里程碑，它标志着我国载人航天技术获得了新的重大突破。我国载人航天工程早在 1992 年就开始实施各项发射任务了，飞行试验获得圆满成功，使我国发展载人航天事业迈出了重要的一步。

小 知 识

"神舟一号"飞船搭载了一些农作物种子，包括青椒、甜瓜、番茄、西瓜、豇豆、萝卜等品种以及甘草、板蓝等中药材。此外，还搭载了有利于心脑血管疾病药物开发的生物活性菌株。

广角镜——"神舟二号"飞船

◆2001 年 1 月 10 日，中国自行研制的"神舟二号"无人飞船发射成功。图为"神舟二号"飞船运往发射场

2001 年 1 月 10 日，在酒泉卫星发射中心，"神舟二号"飞船发射升空，在轨道上飞行 7 天后，飞船返回舱成功返回地面。"神舟二号"飞船是我国第一艘正式无人飞船。飞船由轨道舱、推进舱和返回舱三个舱段组成。与"神舟一号"试验飞船相比，"神舟二号"飞船有所不同，它扩展了新的系统结构，提高了技术性，飞船技术状态与载人飞船基本一致。飞船在轨运行期间，各种试验仪器设备

工作正常，性能稳定，这次的飞行取得了大量宝贵的飞行试验数据。

载人状态的无人飞船

"神舟三号"无人飞船于2002年3月25日成功发射，这是中国发射的第一艘完全处于载人状态的无人飞船。"神舟三号"升空8天后，于4月1日顺利返回。这次发射的成功表明中国航天突破了一系列关键技术，已掌握了天地往返技术。虽然"神三"是一艘正样无人飞船，但飞船技术状态与载人状态完全一致。飞船上装有模拟人生理信号设备、人

◆2002年12月30日，"神舟四号"无人飞船在酒泉卫星发射中心载人航天发射场发射升空。图为组装完毕的"神舟四号"飞船

体代谢模拟装置以及形体假人，这些设备能够定量模拟航天员在太空中的重要生理活动参数，为将来的载人航天提供可靠的资料。

2002年12月30日，在酒泉载人航天发射场，"神舟四号"飞船发射升空，它在太空共飞行了6天零18小时。

这次"神舟四号"飞船装载了航天员必备的生活、工作用品，有航天员睡袋、残渣收集器、餐具包、应急小便收集器、个人卫生用品、航天员散装物品柜及其灭火器、飞行文件和防运动病的药品等。和以往飞船有所区别的是，这次的飞船里安置了两个模拟人，他们穿航天服，拥有一个"舒适、安全的家"。为了检验家的"舒适度"，科技人员模仿航天员穿起航天服，反复演练如何进家门、出家门，如何操作各类仪器，如何在失重的环境下生活，如何处理各种紧急情况等。中国科学家在世界上首创用"模拟人"——这种无生命载荷物取代动物，在飞船内检验、模拟飞船载人状态。中国科学家自20世纪90年代初开始从事这项工作，至今已有10多年的历史。

知 识 库

最全面的考验

发射"神舟四号"飞船是"长征"系列运载火箭的第69次飞行，也是自1996年10月以来，我国航天发射连续第27次获得成功。飞船环绕地球108圈，是无人状态下考核最全面的一次飞行实验。

知识库——飞船上的高科技

◆"神舟四号"动物细胞融合实验使用的小白鼠

我国自行设计了"神舟四号"飞船上的电融合仪，动物细胞和植物细胞的两项电融合实验在一套实验装置中同时分别进行，这是一种获得新药物和新植物品种的方法和技术。采用脱液泡的革新一号烟草原生质体和有液泡的黄花烟草原生质体进行植物细胞电融合；采用纯化的乙肝疫苗病毒表面抗原免疫的小鼠骨髓细胞和B淋巴细胞进行动物细胞电融合。

载人航天的突破
——"神舟五号"、"神舟六号"飞船

载人飞船又称宇宙飞船，从地球发射，以多极火箭作运载工具，可在宇宙飞行，并可以安全返回，但是它是一次性使用的载人航天器。载人飞船可用做往返于地面和空间站之间的"渡船"，可以独立进行航天活动，也能与其他航天器或空间站对接后进行联合飞行。航天员能在载人飞船上短期生活并进行一定的工作。

◆俄罗斯现代火箭理论家齐奥尔科夫斯基设计的载人航天飞船模型

载人航天的开始

我国先后 4 次成功发射"神舟一号"至"神舟四号"无人飞船，发射的时间间隔非常短：1999 年 11 月 20 日、2001 年 1 月 10 日、2002 年 3 月 25 日、2002 年 12 月 30 日。

在我国酒泉卫星发射中心，我国自行研制的"神舟五号"载人飞船在 2003 年 10 月 15 日 9 时整发射升空。这是我国首次

◆北京航天指挥控制中心科技人员在对"神舟五号"飞船留轨舱进行变轨控制

◆ "神舟五号"的返回舱

进行载人航天飞行。"神舟五号"在升空 9 分 50 秒后准确进入预定轨道。时年 38 岁的杨利伟乘坐"神舟五号"载人飞船执行任务，他是我国自己培养的第一代航天员。"神舟五号"在太空中安全飞行 60 万千米，围绕地球飞行 14 圈，经过 21 小时 23 分，于 16 日 6 时 23 分在内蒙古主着陆场成功着陆返回。这次飞行的成功标志着中国成为世界上第 3 个能够独立开展载人航天飞行的国家，另外两个是俄罗斯（包括苏联）和美国。

"神舟四号"上天时，里面装满了实验仪器和物品，而"神舟五号"给航天员尽可能多地留出活动空间，大约 6 平方米的返回舱内不再载有物品和实验仪器，而只乘坐一名航天员。

第一次搭载航天员，科学家们动了不少脑筋，想方设法为航天员打造一个舒适的太空卧室。在航天员的家——"神舟五号"座舱里贴上了淡黄色的阻燃布壁纸，飞船观测窗口用特殊的双层光学玻璃制成，这是为了便于航天员更好地观测，玻璃表面还镀有薄膜，可以增加透光率。航天员忙完工作，可以凭窗远眺无边宇宙，俯瞰蓝色地球。

万花筒

飞船返回舱返回地面后，有可能不能马上被发现，航天员也可以靠飞船舱内的救生物品在陆地生存 48 小时，在海上生存 24 小时。

名人介绍——口才好的杨利伟

杨利伟成为我国进入太空第一人主要有三个原因：一是杨利伟处理突发事件的能力特别强，在担任歼击机飞行员时，多次化解飞行险情；二是杨利伟在五年多的集训期间，训练成绩一直名列前茅；三是他的口头表达能力强，心理素质好，说话有分寸、有条理。集合三个优势，杨利伟最终从1600人中脱颖而出。最终确定首飞的候选人有三个，各方面都十分优秀，难分高下，只是考虑到作为我国第一个进入太空的宇航员，将要接受新闻媒体的采访、面对全世界的瞩目，最后决定让口才好的杨利伟首飞。

◆"神舟五号"载人飞船成功着陆，航天员杨利伟在返回舱舱内用"V"字手势示意胜利

载人航天的进一步成熟

在酒泉卫星发射中心，"神舟六号"飞船于2005年10月12日9时整顺利升空，实现了2名宇航员多天飞行，他们分别是聂海胜、费俊龙。5天后，在2005年10月17日凌晨3时44分，太空船返回舱与轨道舱成功分离，并在3时45分，飞船的发动机成功点火，开始回航。大约22分钟后飞船推进舱与返回舱成功分离，返回舱自行重返地球。

◆2005年10月12日，航天员费俊龙、聂海胜乘坐"神舟六号"飞船飞上太空

着陆点是内蒙古四子王旗，在着陆期间，着陆场的夜空中一直有一个光点，仿如流星划过夜空。由于摩擦产生的高温，返回舱经过大气层时，

◆经过5天的太空邀游、完成一系列太空试验后，航天员费俊龙、聂海胜乘坐"神舟六号"飞船安全返回地面。图为"神舟六号"返回舱在内蒙古四子王旗中部草原成功着陆后，返回舱门刚刚打开时的情景

形成通讯黑障区，一度暂停与控制中心联络。在4时20分，返回舱打开主降落伞，在主着陆场慢慢降落，2名宇航员费俊龙、聂海胜一同向控制中心报平安。搜救直升机约在半小时后发现了返回舱，较预计着陆地点相比，实际着陆地点仅差1千米。神舟六号实现了多个第一次，第一次实现宇航员进入轨道舱，第一次进行多人多天太空飞行试验，第一次进行了真正有人参与的空间科学试验，第一次航天员往返轨道舱，进行了失重状态下关闭返回舱门及检漏试验，为未来航天员在空间站工作和生活奠定了基础。

广角镜——"神五"和"神六"对比

	"神五"	"神六"
航天员	单人21小时	双人5天太空游，要求两人协调性高
宇航服	整套衣服重约10千克，价值高达上千万元	整套服装由衣服、头盔、手套和航天靴等组成。平均每位宇航员候选人都有2到3套备用服。可脱、换连身操作服
活动范围	飞船返回舱	飞船返回舱和轨道舱
活动内容	进行简单的科学实验	首次进入轨道舱生活，开展微重力、育种等多项科学试验
太空食品	即食食品，有二三十种。块状，食用时都不需要餐具。	热食热饮四五十种。罐头、白饭、八宝饭、咖喱饭、什锦炒饭、冻干水果等
如厕	航天员使用尿不湿	使用特制马桶，如厕像骑马

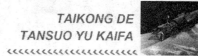

中国人走出太空第一步
——"神七"出舱全记录

人类的进步就是不断挑战自我、战胜自我的过程。每一次太空之旅都可能会遇到未知的困难，都有很高的风险。我们不会忘记，苏联宇航员列昂诺夫在1965年3月完成12分钟的太空行走后准备回舱时，由于航天服在太空中膨胀变大，无法钻进直径只有1米的闸门。最后，他冒着巨大的风险，三次对航天服减

◆太空漫步一直是国人的梦想

压，才挤进了闸门。"神七"的太空行走，是中国航天员第一次出舱活动，难度之大可想而知。

首次太空漫步

2008年9月25日是一个全世界人民期待的日子。是中国人值得骄傲的日子。夜间21时10分，"神舟七号"成功发射。航天员翟志刚在9月27日出舱，刘伯明在轨道舱支持、配合翟志刚出舱，景海鹏值守返回舱。强光下，轨道舱门渐渐打开。身穿航天服的翟志刚探出头来，努力

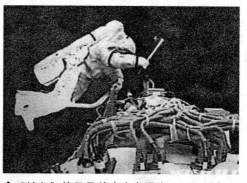

◆ "神七"航天员首次太空漫步

◆执行"神七"飞行任务的航天员翟志刚（中）、刘伯明（右）、景海鹏（左）

向上撑，双手紧紧抓住扶手，终于在两位伙伴的配合和协助下，顺利出舱。16 时 48 分，中国人在太空迈出了第一步！出舱后，翟志刚拿出一面国旗，向世界人民、向中华儿女、向茫茫太空展示：中国航天员也能站在太空！

随后翟志刚在太空中漫步了一阵子后，按计划完成了一系列动作，进入轨道舱，并完全关闭轨道舱舱门，于 17 点 01 分完成太空行走。2008 年 9 月 28 日，"神舟七号"返回舱平稳地降落在内蒙古大草原上，3 名航天员成功地自主出舱，完成了这次伟大的出征。"神舟七号"飞船为下一步空间飞行器交会对接和空间站的建设奠定了技术基础。在那一刻，所有的中国人民都感到自豪，为自己的祖国是中国而感到骄傲！

点击

　　太空的一小步，中国的一大步。中国首次太空行走是中国航天事业的又一个里程碑。只有我们具备了这种能力，才能为实现今后更加复杂的太空探索任务积累经验、创造条件。

小知识——舱外航天服俨然小卫星

　　舱外航天服功能强大，就像是个小卫星。它的外层具有防护材料，可以用来抗骤冷、骤热，防紫外线，防辐射等功能。因为向着太阳的一面是 200 多摄氏度高温、背着太阳的一面是零下几十摄氏度的低温。这种骤冷骤热的变化必须要使用特殊的材料及防护层。我国自主设计的舱外航天服能过滤一定程度的辐射，并能使宇航员免受太空微流星体撞伤。航天服里有水冷式的布料或风扇，用来去除过量的热。

千年飞天梦——中国太空探索之旅

航天服上有个纤维罩，其中装有通讯用的有免提功能的麦克风及喇叭，配合航天服中的传输器及接收器，宇航员就能与其他的宇航员及地面控制中心通话。舱外航天服还能产生助力，使宇航员能在太空中自由行走。

◆宇航员试穿的"神七"舱外航天服

我要飞得更好——太空神箭传奇

目前唯一能使物体克服或摆脱地球引力，达到宇宙速度，进入宇宙空间的运载工具是火箭。它以热气流高速向后喷出，利用产生的反作用力向前运动，是一种喷气推进装置。火箭不依赖空气中的氧助燃，自身携带燃烧剂与氧化剂，所以既可以

◆火箭点火发射瞬间

在大气中，又可以在外层空间飞行。现代火箭可以用做快速远距离运送工具，如作为发射人造卫星、探空、载人飞船、空间站的运载工具，以及其他飞行器的助推器等。

火箭的早期雏形

◆早期的火箭

公元前 300 年中国人就已经发明了火箭，这种火箭是像烟花一样的娱乐品。11 世纪之后火箭有过军事用途。战士们在火箭上缚上火药，然后发射出去。北宋初年就有火箭、火球等记载。后来又出现了霹雳炮，带爆炸性质。南宋时期更出现了铁火炮、火铳、突火枪等新式武器。这些武器威力巨

大，被广泛使用在战争中。中国军队在 1150 年，即南宋高宗绍兴二十年发明了世界上第一支火箭。装满火药的竹管被绑在箭上，加上一条引信。为了让箭镞倾斜以便射得更远，在靠近箭羽的部份绑上一小块铁。公元 1500 年左右，有一个叫万户的人把 47 个自制的火箭绑在椅子上，自己坐在椅子上，双手举着大风筝。设想利用火箭的推力飞上天空，然后利用风筝平稳着陆。不幸火箭爆炸，万户也为此献出了生命。

◆明朝的作战武器"火龙出水"

　　在 16 世纪，明朝人们发明了"火龙出水"，它是一种用于水战的两级火箭。"火龙出水"前边装了一个木制龙头，

◆明朝发明的"火箭飞鸦"

"火龙"的龙身由约 1.6 米长的薄竹筒制成，后边装一个木制龙尾。龙体内装有火箭数枚，引线从龙头下的孔中引出。龙身下前后共装 4 个火药筒。前后两组火箭引线扭结在一起，前面火药筒底部和龙头引出的引线相连。发射时，先点燃龙身下部的 4 个火药筒，推动火龙向前飞行。火药筒烧完后，龙身内的神机火箭点燃飞出，射向敌人。这种火箭已经应用了火箭串联（两级火箭接力）、并联（4 个火药筒）原理。当飞向敌舰时从龙嘴发射火箭直接攻击对方舰艇。据说它可以在水面上飞行数千米远。这是人类历史上第一种从战舰上发射的大型远程火箭武器，堪称"反舰导弹鼻祖"。明朝海军也因此成为世界战争史上第一支装备和使用反舰火箭的海军。18 世纪末印度人用火箭抵抗英国，从此传入欧洲。

链接：自制气球火箭模型

　　真正的火箭工作原理是：利用内部燃料燃烧产生的高温、高压气体从尾部喷出所产生的反冲力而前进的。我们可以利用这个原理自己动手制作火箭的模型。

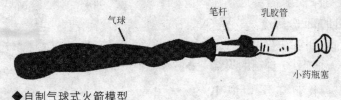

气球　　　　　　笔杆　　乳胶管

小药瓶塞

◆自制气球式火箭模型

现代火箭发展史

◆赫尔曼·奥伯特和他的业务伙伴们

　　瑞典工程师拉瓦尔在19世纪80年代发明了拉瓦尔喷管，这使得火箭发动机的设计日臻完善。液体火箭技术是在19世纪末20世纪初开始兴起的。最早由俄国的齐奥尔科夫斯基在1903年提出了制造大型液体火箭的设想和设计原理。在1926年，罗伯特·哥达德于美国马萨诸塞州奥本镇发射了世界第一枚液态燃料火箭。

　　在20世纪20年代，美国、英国、奥地利、捷克斯洛伐克、意大利、法国、苏联及德国相继有组织研究火箭。到了20世纪20年代中期，德国科学家开始设计能到达高空及长距离的液态推进火箭。列宁格勒的气体动力实验室从1931年到1937年间进行了最大规模的火箭引擎设计。这项工程包括了自燃点火、再生冷却以及包括旋转及双推进混合设计的喷油器。在充足的资金与良好的人员经营下，研究人员制造出了 100 枚实验性火箭。

1931 年 5 月，欧洲的第一枚液体火箭的发射成功是德国科学家赫尔曼·奥伯特领导的宇宙航行协会完成的。到了 1932 年，德国军方参观该协会研制的液体火箭发射试验，他们意识到火箭作为武器在战争中具有巨大的潜力，便开始组织一批工程技术人员和科学家秘密研制火箭武器。德国在 20 世纪 40 年代初，第二次世界大战中期，研制成功了 V—1、V—2 两种导弹用于实战。第二次世界大战以后，美、苏等国家相继研制出包括洲际弹道导弹在内的各种火箭武器。

战后，火箭被用做无线电遥测温度及气压、研究高海拔环境，侦测宇宙射线及其他研究。20 世纪 60 年代的冷战促成了火箭科技飞速发展，包括美国（"X—20 飞行器"、"双子星号"）及苏联（"东方号"、"联合号"、"质子号"）以及其他国家，如日本、英国、澳大利亚等国的研究。在 20 世纪 60 年代末期，"土星 5 号"载人登陆月球成功。

以外，苏联在科罗廖夫的领导下进行的火箭研究，通过德国技术人员的协助，V2 火箭被复制及改进为 R—1、R—2 及 R—5 飞弹。其中的 R—7 系列发射了第一颗卫星、第一个月球探测器及行星际探测器、第一个航天员，直到今天还在使用。

 万花筒

美国的科学家罗伯特·哥达德对火箭做了许多研究和试验。后来他开发了多级火箭，每级发动机都将火箭推得更高一些，直至飞出大气层。他的多级火箭设计思想到今天还在用，就某些方面来说今天的火箭都是哥达德火箭。

知识库

形形色色的火箭

按能源不同，火箭可分为化学火箭、核火箭、电火箭以及光子火箭等。化学火箭又分为液体推进剂火箭、固体推进剂火箭和固液混合推进剂火箭。按级数分为单级火箭和多级火箭。按射程分为近程火箭、中程火箭和远程火箭等。

链接：运载火箭是如何工作的？

运载火箭是航天运载工具的一种，它可以将有效载荷按照预定的方向和速度送入太空。运载火箭是航天技术发展中非常重要的一部分。一般情况下，运载火箭将有效载荷送入轨道，完成任务后，运载火箭被抛弃。

运载火箭一般由2~4级组成，是在导弹的基础上发展起来的。每一级都包括箭体结构、推进系统和飞行控制系统。末级有仪器舱，内装制导与遥测系统、控制系统和发射场安全系统。级与级之间靠级间段连接。有效载荷装在仪器舱的上面，外面套有整流罩。

运载火箭发射及到达预定轨道的过程：

◆1. 点火发射

◆2. 抛弃逃逸塔

◆3. 一级火箭分离

◆4. 整流罩分离

◆5. 二级火箭熄火

◆6. 箭船分离

◆7. 推进舱展帆板

◆8. 轨道舱展帆板并对日定向

长征系列火箭

　　我国现代火箭的研制工作自 1956 年开始展开。中国在 1964 年 6 月 29 日自行设计、研制的中程火箭试飞成功之后，即着手研制多级火箭，向空间技术进军。经过了 5 年的艰苦努力，1970 年 4 月 24 日"长征 1 号"运载火箭诞生，首次发射"东方红 1 号"卫星成功。中国航天技术迈出了重要的一步。

◆长征系列火箭

　　"长征一号"、"长征二号"、"长征三号"、"长征四号"4 个系列十多种型号构成了中国的运载火箭系列，具有发射从低轨到高轨、不同质量与用途的各种航天器、月球探测器和载人飞船的能力，"长征五号"新一代火

◆2008年12月1日12时42分，中国酒泉卫星发射中心用"长征二号丁"运载火箭将"遥感卫星四号"成功送入太空

箭系列正在研制中。"长征一号"主要用于发射近地轨道小型有效载荷，为三级火箭。"长征二号"系列均为两级结构，全部采用四氧化二氮和偏二甲肼作推进剂，主要用于发射近地轨道卫星和飞船。"长征二号"系列火箭有"长征二号"、"长征二号 C"、"长征二号 D"、"长征二号 E"和"长征二号 F"等。"长征二号"系列火箭近地轨道运载能力覆盖1.5吨至9.2吨，曾发射过美国铱星、返回式卫星、澳大利亚卫星等商业和政府卫星。"长征二号"F 火箭为载人航天运输工具，截至 2010 年共发射了 7 艘"神舟号"飞船。"长征三号"系列主要用于发射高轨道卫星，为三级火箭，它的一、二子级采用四氧化二氮和偏二甲肼推进剂，包括"长征三号"、"长征三号 A"、"长征三号 B"和"长征三号 C"，三子级采用液氢液氧低温推进剂，发动机能二次启动，曾发射过北斗导航星以及马部海、鑫诺等通信卫星。"长征三号 A"为串联三级火箭，"长征三号 B"和"长征三号 C"为串联加捆绑式火箭。"长征四号"系列火箭也是三级火箭，主要用于发射风云气象卫星和资源卫星等，太阳同步轨道运载能力为 2.5吨至 3.1 吨。

小 知 识　　**"长征五号"系列火箭**

　　"长征五号"系列火箭正在研制中，芯级直径为 5 米，全部采用液氢液氧推进剂，芯级周围将捆绑不同数量的直径为 3.35 米和 2.25 米、推进剂为液氧煤油的助推器，形成近地轨道运载能力达到 10 吨～25 吨。

中国探索计划大动作
——"天宫一号"

还记得 2009 年的春节文艺晚会吗？给人印象最为深刻的节目要数我国自主研发的"天宫一号"飞行器模型登上舞台。随着我国航天技术水平的不断提高，我国研制的空间站也逐

◆ "天宫一号"模型

渐揭开了神秘面纱。这个飞行器实际上就是空间实验站的雏形。"天宫一号"的名字让人联想起《西游记》中的故事——孙悟空大闹天宫。

揭秘"天宫一号"空间站

中国在 2011 年发射"天宫一号"进入预定轨道，它的设计重量为 8 吨。"天宫一号"是用做空间实验室的实验版。按计划，我国还将发射"神舟八号"。"神八"是一艘无人的神舟系列飞船，与"天宫一号"进行无人自动对接试验。2015 年前，"天宫二号"、"天宫三号"两个空间实验室将陆续发射。

◆ "天宫一号"与神舟系列飞船对接示意图

◆ "天宫一号"进入初样研制阶段

我国为什么要耗费大量的人力和财力建造自己的空间站呢？这是为了科学实验，也是我国自主建立"天宫一号"空间站的原因。飞船在太空飞行一般只能持续一周左右，一周时间所能进行的科学实验在时间、内容上都是有限的。长时间在太空中运行的只有空间站。这样，我们就可以长时间地做各式各样的科学实验，还可以进行太空产品的开发研制。

"天宫一号"建成后，可以用来进行科学实验、太空观测和生产、在太空中储备物质、军事侦察等多种用途。在对地观测方面，也有十分重要的意义。当地球上发生灾难性事件，如海啸、地震或火山喷发时，航天员可以在空间站里及时调整遥感器，以获得最佳观测效果。另外，"天宫一号"也可以为我国带来很大的经济价值。例如，在工业方面，可以制造出在地球上制造不出来的材料；可以在太空育种，培育出很多各种各样的蔬菜，对农业会有很大的好处，实现经济价值；还可用做导航，GPRS定位可以大大方便人们的出行。所有这些，如果不借助空间站，就无法实施。

万花筒

预计2012年发射的"神舟九号"太空船将是载人飞行，针对交会对接任务的太空人训练工作已全面展开，包括两名女太空人也参加了训练。

链接：中国载人航天三步走

中国载人航天工程的发展大致可以分为三个阶段：第一阶段是航天员上天。

千年飞天梦——中国太空探索之旅

"神五"载人航天的成功发射标志着第一阶段任务已经完成。第二阶段要实现多人多天飞行、航天员出舱，接着完成空间舱与飞船的交会对接，并发射空间实验室。"神六"和"神七"已经完成了多人多天飞行、航天员出舱的任务。第三阶段是建立永久性空间试验室，目前正在实施。现在第二阶段的后续任务以及第三阶段的任务正在按计划进行。2011年，先发射目标飞行器，接着发射"神

◆ "神舟五号"载人航天飞船腾空而起

八"、"神九"、"神十"，进行对接。"神八"需要实现无人对接，那么"神九"还是"神十"进行有人对接吗？这主要是根据"神八"对接是不是很顺利决定的。

太空探索之趣

——航天轶事

　　"神舟六号"飞船在 2005 年 10 月 14 日晚 22 时，已经在太空运行了 41 圈。15 日凌晨 2 时北京航天飞行控制中心的大屏幕上的画面是费俊龙正在剃须刮面。为了防止胡须茬在空中飘浮，他事先涂抹了剃须膏。接着他对着飞船内的小镜子，潇洒自如地将胡须剃得干干净净，并幽默地对着镜头展示。15 日 6 时 30 分许，费俊龙用约 3 分钟的时间在舱内连做了 4 个"前滚翻"。以飞船每秒 7.8 千米的飞行速度计算，费俊龙的一个"跟斗"就翻了约 351 千米。聂海胜拿着摄像机在一旁拍摄，记录下了这个太空"大跟斗"。在太空中探索的故事是不是很有趣？阅读了本篇内容后，你还将知道太空探索中的许多有趣味的事情。

首位太空游客飞向太空
——开启太空旅游之梦

很早以前人类就有遨游太空的理想，到太空去旅游实现了人们的梦想，给人提供一种前所未有的体验。可以观赏太空旖旎的风光听起来很新奇、很刺激，同时还可以享受失重的感觉。而这两种体验只有在太空中才能享受到，可以说，此景只应天上有。

◆太空旅游不再是梦想

太空旅游第一人

丹尼斯·蒂托在 2001 年成为人类历史上第一位自费的太空游客，他在太空停留了 8 天。他是全美第三大投资管理咨询公司威尔希尔集团公司的创建者，为了这次旅行，蒂托支付了 2000 万美元，据专家说，这样的太空旅程很少有人能看到什么"景色"，但蒂托却认为他所花费的每一分钱都物有所值。他说，进入太空是奋斗了 40 年的梦想，也是他"整个一生中最美好的体验"。蒂托最大的飞行速

◆全球第一位太空游客——丹尼斯·蒂托

度是每小时 27200 千米，他看到地球就在脚下，头上是无边无际的黑色天空。就像他所说的，"这幅景象人类可不是天天都能看到！"

在飞行期间，蒂托通过空间站的舷窗对太空世界进行拍照、摄像并制作立体图片；他还接受记者采访，这是通过俄罗斯地面飞行控制中心的雷达显示系统进行的；还与两位宇航员共同观测了海洋生物繁殖区，尝试了从太空为地面的渔船作业和科学考察船提供帮助。

万花筒

曲折的上天路

为了实现上太空的理想，蒂托先同美国宇航局联系，遭到冷遇。于是他将目光转向俄罗斯。几经波折，俄罗斯同意将蒂托送往空间站，并在那里小住几天。于是 59 岁的蒂托接受了正规严格的上天训练，完成了 1000 小时的训练科目。

轶闻趣事——波音公司进军太空旅游业

◆CST—100 飞船内部模拟图

美国波音公司计划最快 2015 年开始，让旅客乘坐波音制造的宇宙飞船前往国际空间站，他们进军太空旅游业为人类实现太空旅行。如果计划成功，这将是首个从美国出发的太空旅游团。

CST—100 宇宙飞船由波音公司出资建造，形状像太空胶囊，设有 7 个座位，其中 4 个为空间站宇航员座位，3 个为游客座位。飞船计划在美国的佛罗里达州卡纳维拉尔角太空发射基地升空，进入近地轨道。波音等公司除发展太空旅游业外，又会向 NASA 出售航天员座位，带他们上国际空间站。

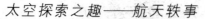
太空旅游四种途径

从广义上来说，至少有 4 种途径可以实现太空旅游：飞机的抛物线飞行、接近太空的高空飞行、亚轨道飞行和轨道飞行。

抛物线飞行

◆目前伊尔－76 在俄军中被用做作战支援运输飞机，用于运送步兵和轻装甲部队，能在简单的前线机场起降

抛物线飞行能让游客体验约半分钟的太空失重感觉，并非真正意义上的太空旅游，通常也是采用这种方法来训练宇航员的失重感觉。游客花费 5000 美元就可以乘坐俄罗斯宇航员训练用的伊尔－76 等飞机作抛物线飞行。

高空飞行

◆米格－31 "猎狐犬" 歼击机

接近太空的高空飞行能让游客体验身处极高空才有的感觉，也非货真价实的太空旅游。当游客飞到距地面 18 千米的高空时，可以体会到一种无边无际的空旷感，可以看到脚下地球的地形曲线和头顶黑暗的天空。俄罗斯的米格－25 和米格－31高性能战斗机计划用来实施这种旅游。这些飞机能飞到 24 千米以上的高度，这种太空旅游的花费约 1 万美元。

亚轨道飞行

亚轨道飞行能产生几分钟的失重感觉，美国私营载人飞船"宇宙飞船一号"和俄罗斯计划研制的 C－XXI 旅游飞船从事这种飞行，它们在火箭发动机熄火和再入大气层期间能产生几分钟的失重。这种飞行的价格约为

◆2002年3月14日，俄罗斯展示了世界第一艘太空旅游飞船 C—XXI 号的模型

每人每次 10 万美元。

轨道飞行

轨道飞行是真正意义上的太空旅游。国际空间站是目前实现轨道旅游的主要工具，俄罗斯"联盟"飞船和美国航天飞机是游客到达空间站的"客车"。美国的"哥伦比亚号"航天飞机失事后，太空旅游机构大多将目光转向了"联盟"系列飞船。乘坐它们旅游的花费约为 2000 万美元。

链接：新航天飞机——云霄塔

眼下，乘坐航天飞机去太空旅游仅是世界上极少数富人的"专利"。英国工程师想要设计出一种新型航天飞机，能在普通机场起降，这种飞机有望在 10 年内把普通人也送入太空旅行。

这种新型航天飞机长约 82 米，命名为"云霄塔"，可以搭载 24 名乘客，造价约为 10.5 亿美元。

"云霄塔"的飞行速度五倍于音速，外形与普通飞机类似，机身上没有常见的发动机，靠两个内置新型发动机驱动。

◆开发人员认为，"云霄塔"太空飞机有朝一日将取代美国航天飞机，将货物和宇航员送入国际空间站

航天必备——太空时装秀

世界上最贵的衣服也许是金缕玉衣，但航天服问世之后，价值数十万元乃至数千万元的航天服比金缕玉衣还要贵上许多倍。航天服和普通服装的功能不同，是穿在航天员身上的生命保障与环境控制系统。航天服按功能可分为舱内用航天服和舱外用航天服。无论是哪种宇

◆宇航员、工程师和科学家们穿着新型宇航服

航服，都选用特殊的材料，采用特殊工艺，经过特殊的加工、制作和各种试验后才能够投入使用，尤其是舱外宇航服造价可达上千万美元，真可谓是世界上最昂贵的服装。

舱内用航天服

舱内航天服也称应急航天服。当载人航天器座舱发生泄漏，空气压力突然降低时，可以穿上它，并接上供氧、供气系统，服装内就会立即充压供气，并能提供一定的通信功能和温度保障。在航天器上升、降落、变轨

◆翟志刚舱内宇航服亮相展出

等易发生事故的阶段，航天员一般穿上舱内航天服，而在正常飞行中则不需要穿着。

舱内航天服由头盔、服装、靴子和手套组成。头盔通过颈圈与服装连接。头盔上的面窗平时可随意启闭，紧急时可在数秒钟内自动或手动关锁。舱外航天服由外罩、气密限制层、真空隔热层、液冷服和通风结构组成。靴子有的与服装连成整体，有的与服装分开穿着。全套航天服重约30～40千克。

航天服的另外两个部件是可以随时连接的手套和靴子。腕圈接连手套与服装，是服装压力层的延续。它要能快速穿或脱，符合穿戴者手型，在各手指关节部分有波纹结构，便于手指弯曲。航天靴由压力靴和舱外热防护套

◆上海世博会石油馆里陈列的是我国自主研制的舱内航天服，头盔由聚碳酸酯制成，具有隔音、隔热、防碰撞、减震好、重量轻等特点。其气密层用涂有丁基或氯丁橡胶的锦纶织物制成

靴组成，其中压力靴是服装气密加压限制层的延续。航天靴通常将踝部活动关节设计在压力靴上，并与压力服相连接。航天服内部还设有废物收集装置，用于在紧急情况下收集、贮存和输送大小便。

链接：致命的血液气泡

减压病是由于人体在压力减小过程中溶解于体内的氮气过度饱和，在血液里形成气泡而引起的各种症状，这种气泡如果量较多的话，可能会引起重要脏器的血管栓塞，严重时危及生命。减压病不仅见于太空飞行中，也存在于潜水员从深海到浮出水面的过程。宇航员出舱活动则依靠航天服和生命保障系统保证生命安

全。目前舱外航天服的压力都不高，这种舱外航天服导致减压病发病率较高，而高压航天服的研制难度很大，至今尚未投入使用。为了降低减压病的发生，宇航员在出舱前要进行数十分钟至数小时的预吸氧，来减少血液中气泡的产生。

太空行走的服装

太空环境恶劣，高度真空，且有各种射线与微流星体，航天服内温度会不断升高。因为航天员本身也是个发热体，热量会积累，所以舱外航天服要有温控系统、生命保障系统、有效的隔热防护系统和通信系统。舱外航天服实际上是一个小型的航天器，且设计在技术上比飞船的座舱还要难，因为它与人体关节对应的部位要做成活动的，以便于行动与操作。

舱外航天服由四部分组成：头盔、衣裤、手套与足靴。下面就来讲讲这四部分。

头盔由头盔壳、颈圈和面窗等组件构成。舱外航天服多数用

◆宇航服可以提供加压大气，保持宇航员的体液处于液体状态，也就是说，要防止体液沸腾。宇航服的压力比地球上的正常大气压稍低，因此，宇航服不会膨胀成气球状，从而能保证它尽可能地灵活

◆海鹰－DMA型出舱活动航天服

硬式头盔壳，它是头盔的主体，具有抗冲击、强度大和隔热性好的特点。面窗需要有开阔的视野和良好的光学性能，还要有去湿、防雾功能。连接服装与头盔的关键部件是颈圈，分上、下两圈，具有可靠的连接强度与足够的密封性，同时要有使穿戴者能在紧急情况下快速接、断、锁紧操作的

构造。

◆航天员着舱外航天服在水槽中进行模拟失重训练

衣裤由多个功能层组成，连接形成一个整体，是舱外航天服的主要部分。第一层选用羊毛制品或合成纤维片制成，是保温层，起到保温和隔热的作用。第二层为散热层，由许多微细管道镶接在衣服上制成的，液态物质在微细管道中流通，通过不断循环流动，把人体产生的热量散发到低温的空间中去。第三层是气密加压限制层，充气后使身体保持足够的压力。目前使用的大多是低压航天服，在太空行走前，航天员必须预先进行吸氧排氮处理，否则会产生减压病。第四层为真空隔热层，它主要是让航天员与航天服免受骤冷、骤热侵袭。

为了工作，除了航天服本体之外，还要配带一些其他系统，例如食水供应系统、通信系统、废气处理系统、氧气供应系统、废物收集系统等。

知 识 库

航天服上的应急装置

在密封的空间中，航天员呼出的二氧化碳如果不去除，浓度不断上升，将危害航天员的健康。因此，航天服上有转换装置，可提供长达七八个小时的氧气供应及二氧化碳的去除。航天服内部还设有废物收集装置，在紧急情况下收集、贮存和输送大小便。

广角镜——可怕的宇宙射线

宇宙中存在着大量的射线，厚厚的大气层可以挡住射线，使在地球上的人们能免受其害，但对于太空的宇航员来说，这种辐射没有遮挡，是致命的，它可以使细胞DNA分裂增殖时"出错"，引起许多难以医治的疾病。现在，用尽量减少宇航员受辐射的时间来解决这个问题，但有时宇航员不得不在太空中连续生活几个月，所以射线辐射难以避免。宇航服等航天器必须尽可能吸收和屏蔽宇宙射线。

◆工程师们正在加紧研制新型宇航服

漂浮的日子
——航天员在太空的生活

宇宙中的环境是极为恶劣的，高缺氧、高真空、宇宙辐射、温度差异等都是对人体有害的因素，这些不利因素会对人体产生严重伤害。在这种环境中，航天员不依靠航天设备是无法工作和生存的。面对严峻的宇宙空间环境，怎样才能保证航天员的生命安全呢？他们的生活是怎样的呢？

◆ "结实"的太空服

宇航员都吃什么？

◆磁性的吸盘能吸住餐具

宇航员的食物从最初的十几种已经发展到了一百多种，现在已经非常丰富多彩了。宇航员每天吃 4 顿饭，一周之内的食谱不重复。在早期，宇航员的食品都做成牙膏状挤着吃，很乏味，现在早已今非昔比。宇航员可以在太空中吃到香肠馅饼、土豆烧牛肉、辣味烤鱼、奶油面包等各种各样的佳肴，美国宇航员甚至可以喝到他们喜欢的可口可乐。不过宇航员吃饭并

TAIKONG DE
TANSUO YU KAIFA

太空探索之趣——航天轶事

不能想吃什么就吃什么，他们必须按营养师为他们配制好的食谱用餐。太空食品均为脱水食品，临吃前把食物放入碗形的容器中，注入一定数量的水，再放进烤箱里加热。一顿饭不超过半小时就可以"做"好。美国航天飞机上的宇航员吃饭时，食品的塑料袋标有第

◆失重的食物

几天第几顿字样。每个塑料袋里装有 7 种食品，供一名宇航员食用。

　　太空餐桌也是特制的。它依靠磁性能吸住刀、叉、勺、碗、盘等餐具，桌上装有水冷却器和加热器。吃饭时，为了防止飘动，宇航员必须先把身体固定在座椅上，把脚固定在地板上。面对摆在餐桌上的饭菜，千万不能着急，一定要注意端碗、夹饭、张嘴、咀嚼一连串动作的协调。吃饭时动作要轻柔，如果动作太猛，饭会从碗里飘出去；撰饭、撰菜要果断，撰就要撰准、撰住，不能在碗里乱拨，因为失重状态下饭菜会飘走；饭菜撰住后，张嘴要快，闭嘴也要快，因为即使是放到嘴里的食物，不闭嘴的话它还会"飞"走的；咀嚼时节奏要放慢，细嚼慢咽利于消化，还可以减少体内废气的产生和排泄，避免污染宇航员的生活环境。

点　击　　**"神七"宇航员吃什么？**

　　"神七"宇航员在太空的主食主要是米饭，以中餐为主。中国宇航员带到太空中的食物"味道好极了"，而且品种很多，还可以吃到月饼和冰激凌。宇航员可饮用的有茶，还有可可、咖啡等，但是不能喝啤酒，因为啤酒有气，失重状态下不宜饮用，在太空一打嗝，人就可能移动。

广角镜——模拟失重实验

　　自从人造卫星和宇宙飞船发射成功以来，超重和失重现象是人们常常谈论的

话题，从电视上也可以看到宇航员处于完全失重时的画面。为加深对超重、失重的理解，让我们做一做如下的实验。

如图，把两个金属螺母拴在一根橡皮筋的两端，再把橡皮筋的中点用一根短绳固定在冰激凌纸杯（或铁罐）底部的正中，让螺母挂在空杯口的边上。

螺母

橡皮筋

◆用冰激凌纸杯做失重实验

实验时让空杯从高处自由下落，你会发现螺母被橡皮筋拉回杯中。请你试一试，并思考下列问题：

（1）为什么下落时，螺母会被拉入到杯内？

（2）放手后，空杯是否以重力加速度g下落？

（3）在空杯放手后的初始阶段，螺母是否以重力加速度g自由下落？

宇航员如何睡觉和洗澡？

◆空间站处理废物的地方，右侧是厕所

在地球有重力的环境中，人们习惯于把地心引力的方向定为"下"，把"天"的方向定为"上"。可是到了太空失重的环境里，人们失去了"上""下"的参照坐标，脚踩不到地，四周全是天，你根本分不清上下。宇航员在太空失重环境中没有"躺"的感觉，睡觉也就没有了"平躺"一说。宇航员无论躺着、站着还是趴着都可以入睡，所以宇航员睡觉可以飘在太空舱里睡，挂在墙上睡，也可以吊在梁上睡，绑在床上睡，靠在桌边睡。

空间站和飞船上也可以洗澡，这点你没有想到吧！如果长时间不洗澡的话，宇航员身上会产生异味，而舱位空间又十分狭小，更易令人觉得气味难闻。尽管在太空洗澡很麻烦，但是洗澡这一道程序是必不可少的。宇航员通常只是用比淋浴简单省事的海绵擦身浴代替。宇航员先后用浸清洁液和没有浸有清洁液的湿毛巾擦身。如果宇航员用毛巾捧起一团水洒到身上，水就会贴着皮肤，然后"淌"遍全身，非常舒适。当然，科学家已经专门设计、制造出一种特殊的太空浴室。有的宇宙飞船装备有真正的淋浴设施。太空浴室最关键的措施是控制水不随意飘浮。

◆空间站厕所

浴室为一个直径约为 1 米的密封塑胶浴桶。宇航员在里面打开喷头，温水即从上面喷下来浇到身上。淋溶完毕后，利用一个真空吸管吸走身上及周围的肥皂沫和水。

在每艘太空飞船上都装设有男女通用的厕所，其设计跟地球上的普通厕所有很大不同。人体的固体与液体排泄物各有接收容器。使用专门的漏斗装置使男性、女性都可以站着小便，当然，如果他或她喜欢的话，坐着也行。为了避免宇航员在失重环境下随处飘荡，站立不稳（或是蹲坐不稳），厕所还配有专门设备来固定。不管宇航员用什么样的如厕姿势，都得用安全扣把腿部固定，甚至可能要把膝部锁住，把大腿绑起。上一趟厕所，其实也很费事。

知识库

绑着睡觉

大多数宇航员不习惯飘荡着睡。一旦从飘浮睡眠中醒来，他们会产生一种掉进万丈深渊的感觉。为了获得安全感，宇航员一般睡在固定的床上或固定在墙壁上的睡袋里，睡袋拉紧后能给人体施加一定的压力，使人消除那种飘飘欲坠的恐慌感。

小知识——特殊的洗发水

◆宇航员们在洗头

宇航员的洗发水是特制的。由于在太空中不可能有很多的水供宇航员冲洗头发，所以宇航员使用的洗发液是免冲洗型的。这种洗发水96％的成分是从植物中提取的，它在失重的状态下能变为十分细小的颗粒。洗头时，它很容易带走头上的污垢。洗完后，用餐巾纸或毛巾一擦，洗发液就被清除得一干二净。用这种太空洗发水洗过的头发完全不用摩丝、发胶和吹风机打理，头发自然柔顺，特别容易梳理。

宇航员怎样适应太空生活？

◆反光的面罩不仅能提供坚强的保护还可以反射紫外线

人类具有适应缺氧环境的本能，但超过某些限度就会丧失意识、休克而危及生命。当达到9000米高度时，停留大于1分30秒，意识就会完全丧失。因此，喷气式战斗机驾驶员一定要戴氧气面罩，但仅有氧气还不够，氧气还必须有一定的压力。因为只有一定的压力，氧气才会通过肺泡膜溶解到血液中，送往全身，否则身体的氧气到不了血液及组织中。

太空的环境很恶劣。首先是温差大，白天最高温度达130℃，夜间最低温度只有零下146℃。其次是没有空气，接近真空，人待几秒钟就会死去，气压为零，根本没有办法生存。此外，宇宙间到处充满了致死量的紫外线和宇宙线，一瞬间就可以杀死人的基因和细胞。

太空晕动症非常常见，因为人在太空飞行时处于失重状态，每两名宇航员中就有一人患此症。太空晕动症表现为面色苍白、呕吐、出冷汗，像晕船一样，所以首先要检查宇航员的眩晕适应能力。这种检查绝不简单，因为即使在地面上经过严格训练不会眩晕的宇航员，到了太空飘起来时，也会不可避免地发生晕动病。因此，学者们认为这种太空晕动症与晕车晕船的机制有所不同。

目前晕车晕船的机制还不完全清楚，比较有根据的是感觉紊乱学说。太空晕动症不是什么重病，数天后身体适应失重环境后，症状就会消失，但它对人体是否会引起不可逆的损害，目前关于人类在太空长期停留的医学和生理学方面的资料非常罕见，几乎还没有。

◆宇航员需要有强健的身体——韩国首位女宇航员候选人李素妍

◆体验飘飘若仙的失重感觉

钙是人体生命活动必不可少的元素。人进入太空后的第一个月会丢失6克钙，相当于体内总钙量的0.5%，如果得不到补充，那么8个月到9个月后再用任何方法补钙都无济于事。假若持续15个月缺钙，就会有生

命危险。

讲解——宇宙空间对人体的好处

◆右一为 E. 米切尔

上面主要讲的是宇宙空间对人体的不良影响，但另一方面，宇宙对人体也有好处。在宇宙空间中，人的神经知觉和能力都有增强。如宇航员曾从空间捕捉到加勒比海上船的航路，并且进行了拍照，但底片上却没有船的痕迹，一度被认为是宇航员产生的幻觉，但后来经过调查，在拍摄当时，那个地方确实有船在行驶。据宇航员 J. 欧文说，他从空间归来后感到头脑变明晰了，感知敏锐，精力也更加充沛了。阿波罗 14 号的宇航员 E. 米切尔为了证实一点，还在宇宙飞船和地球间进行了精神感应试验。

亲临太空——航天员的轨道

　　有了进入太空的技术，人类不再满足于短暂的太空飞行，为了开发太空，需要建立长期工作和生活的基地，于是在太空建立新居所的愿望实现了。

　　空间站是一种可供多名宇航员长期工作、巡访和居住的大型载人航天器，又称"轨道站"、"航天站"、"太空站"。它能与宇宙飞船或航天飞机对接，以便补充给养、让宇航员轮班换乘和更换仪器设备。

◆连接空间站和地面的运输工具——航天飞机

　　宇航员在空间站里可以长期从事各种科研活动，包括地球资源勘测、天文观测、研究太空环境对生命的影响、进行特殊加工、调查环境污染，以及制取地面环境无法获得的优质新药、新材料。

从"礼炮"到"和平"

　　苏联同美国竞争登月失败了，美国人率先登上了月球，为了在下一轮的竞赛中获得主动，苏联决定发展空间站计划，并希望空间站成为20世纪的壮举。到1969年，苏联建立空间站的技术基本成熟，航天器的对接与汇合问题已经解决，所以从1970年起开始建造"礼炮号"空间站，并且对

◆ "和平号"空间站

◆ "礼炮号"空间站

"联盟号"飞船进行了改装，使它成为空间站的辅助运输工具。

巨大的"质子号"运载火箭在 1971 年 4 月 19 日将第一个空间站"礼炮－1 号"发射上天，它是世界上第一个试验空间站。它的运行轨道倾角 51.6 度，运行周期是 88.5 分，近地点 200 千米，远地点 222 千米。

同年的 6 月 6 日，沃尔科夫、多勃罗沃里斯基和巴扎耶夫乘坐"联盟－11 号"飞船，利用对接装置与"礼炮－1 号"对接，成功地进入空间站内工作，并开展了一系列的实验，如长期处于失重状态下的植物生长研究等。

1977 年 9 月 29 日，"礼炮－6 号"发射成功。这是苏联的第一个实用型空间站，它的两个对接口可同时与两艘飞船对接，组成轨道联合体。1982 年至 1991 年间在轨道上运行的"礼炮－7 号"空间站，接待过 11 批共 28 名宇航员。

1986 年 2 月，"和平号"空间站核心舱在苏联发射成功，随后在使用过程中不断扩展，直到 1996 年 4 月，"和平号"的最后一个舱段才完成组装。此时的"和平号"总重是 116 吨（包括一艘"联盟 TM"飞船），总容积 470 立方米，是宇宙中的一个庞然大物。宇航员们在空间站内进行了生物医学、天体物理、地球资源勘测和材料工艺试验等科学研究活动。

TAIKONG DE TANSUO YU KAIFA

广角镜——美国的"天空实验室"

美国在 1973 年 5 月 14 日发射了"天空实验室"空间站，它是利用"土星—5 号"火箭第三级改造而成，而"土星—5 号"是阿波罗登月计划的剩余物资。它是第一个实际投入长期使用的空间站。

"天空实验室"在 435 千米高的近圆空间轨道上运行，1973 年 5 月 25 日、7 月 28 日和 11 月 16 日，先后分 3 批由"阿波罗号"飞船把 9 名宇航员送上空间站工

◆"天空实验室"空间站

作。这 9 名宇航员在站上分别居留 28 天、59 天和 84 天。在载人飞行期间，宇航员用 58 种科学仪器进行了 270 多项生物医学、天文观测、空间物理、资源勘探和工艺技术等试验，研究了人在空间活动的各种现象，拍摄了大量的地球表面照片和太阳活动照片。1974 年 2 月，第 3 批宇航员离开太空返回地面后，天空实验室便被封闭停用。

宇航员是如何工作的？

航天器进入预定轨道作正常的飞行时，宇航员们便会投入紧张的研究工作。大多数宇航员都是某个领域的科学家和专家，他们有大量的空间研究工作要做。譬如第一个飞上太空的美籍华人王赣骏是一位物理学博士，他在太空研究失重条件下的液体物理。不过，有

◆科学家宇航员在进行科学研究

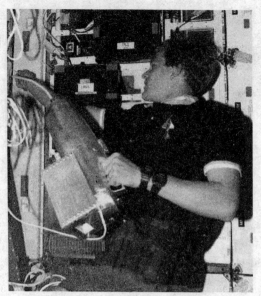

◆宇航员使用吸尘器打扫卫生

时候地面上设想的实验计划在太空中可能实现不了，王赣骏的实验就碰上了这样的问题，他带上天的实验设备怎么也打不开。其他宇航员都有自己的工作，不能帮助他。王赣骏表示宁愿永远留在太空，也要坚持做自己的实验。在他的感召之下，其他宇航员终于愿意助他一臂之力。他三天没有睡觉，才修好了设备，按计划完成了自己的研究。

宇航员们每周都要抽出时间打扫卫生，每次大约要 2～3 个小时，主要是在空间站内吸尘，然后用蘸了特殊液体的抹布擦地板、天花板和墙壁。接着是搞个人卫生，沐浴或互相修剪头发。一些女宇航员更借此机会把自己仔细梳妆打扮一番。

除了工作，宇航员们也有娱乐休闲的时间。有的人会带上棋子，在空中下棋消遣，有的人会把喜爱的乐器带上天，空闲时便可与同伴们一起弹奏歌唱。首次上天的宇航员则喜欢靠近舷窗旁，欣赏太空的美景，特别是"脚下"瞬息变化着的地球景观，拿起照相机，抢拍一些有价值的镜头。

 链接：太空漫步

美国"挑战者号"航天飞机在太空飞行期间，两名航天员于 1983 年 4 月 7 日在太空自由自在地飘飞行走了 5 个多小时。这是人类首次不系绳索自由地在太空行走。

空间站的宇航员们除了进行科学实验外，有时还需要出舱，进行仪器维修以及对空间站的维护。例如，2008 年 7 月 10 日，两名俄罗斯航天员进行了一项大胆的太空漫步，他们切开绝缘装置，将"联合号"太空舱的一枚爆炸螺栓移除。

太空探索之趣——航天轶事

俄罗斯航天员柯诺南科前后经过了几个小时，使用一把锯齿刀切开包裹着螺栓的层层绝缘材料，谨慎地安装消除静电的装置，然后将这枚随时要爆炸的螺栓慢慢卸下来，终于大功告成。

◆中国航天员"脐状式"出太空舱活动模拟图

敢为天下先——航天动物们在太空

在载人航天史上，动物是先驱者，它们对载人航天的研究起了很大的作用。将来，人们会在太空长期地生活和工作，目的是为了更好地开发和利用空间。为了保证人的健康与安全，动物航天实验是不可缺少的，动物又会为人类的长期航天"再立新功"。

◆动物太空探索家将走得更远

太空第一狗——莱卡

◆第一个进入太空的生命——莱卡

苏联在 1957 年 10 月 4 日真正开启了人类探索宇宙的大门，成功发射了人类历史上第一颗人造卫星。一个月后的 11 月 3 日，"Sputnik 2"（卫星 2 号）——第二颗人造卫星发射。这一次，卫星上搭乘了一位特殊的"客人"——小狗莱卡，它成为飞上太空的第一个地球生命。

科学家们在莱卡的身体表面和皮下安装了感应器，监测它的心跳和呼吸，科学家们把莱卡送入专门为它设计的加压密封舱内，密封舱固定在火箭的头部，面对它的还有一个摄像头。在进入太空后，它身上的监测数据会自动传回地面。在卫星发射后不久，绑在莱卡脖子上的医学传感器传回地面的数据显示，莱卡的心率达到平日的3倍。传感器的压力指标等数据都显示出，在生命的最后阶段，小狗莱卡承受着巨大的痛楚。

莱卡因为进入太空成了最著名的太空犬，苏联的卫星被美国报纸称为"莱卡的卫星"。50年过去了，莱卡仍然是地球上最有名的狗之一，也许它是在一长串为太空牺牲的动物名单中最有名的一个。

万花筒

1957年，苏联为莱卡发行了纪念性邮票，莱卡上了莫斯科一座纪念碑，后来成为了苏联一种香烟的商标。

名人介绍——太空第一人：加加林

苏联的"东方1号"宇宙飞船在1961年4月12日莫斯科时间上午9时07分从拜克努尔发射场起航进入太空，著名宇航员加加林乘坐在内。"东方1号"宇宙飞船在最高高度为301千米的轨道上绕地球一周，历时1小时48分钟后，于上午10时55分降落在苏联境内，实现了人类进入太空的愿望，完成了世界上首次载人宇宙飞行。尤里·加加林身穿90公斤重的太空服，成为世界上

◆进入太空第一人——尤里·加加林

第一个进入太空的人。他从宇宙中看到了地球的全貌。加加林的名字连同他那迷人的微笑，传遍了世界每个角落。

太空的动物先驱们

◆两只小家伙出现在记者招待会上

◆同入太空的狗和兔子
的飞行员。

松鼠猴贝克尔和猕猴艾布尔于1959年5月28日搭乘美国"朱庇特"导弹升到距离地面482.80千米的高空，最终安全返回地球。它们待在火箭最前端，不过在返回地面后，医生在给艾布尔摘除一个电极时，由于麻醉不当导致它在几天后去世。贝克尔活到了1984年。左上图为从太空旅行中存活并顺利返回的那两只动物，它们出现在1959年美国国家航空航天管理局的一场记者招待会中。图片中左边的猴子是艾布尔，另外一只是来自秘鲁的松鼠猴贝克尔。

1959年7月，两只狗斯内兹恩卡和奥特瓦日纳亚，与兔子马尔弗沙一起进入太空。奥特瓦日纳亚的意思是"勇敢者"，这只狗总共进行了5次太空飞行，最终成为一名经验丰富

美国宇航局一只最主要的试验猴是名叫萨姆小姐的猕猴。它于1960年1月21日搭乘一个太空舱发射升空。它替代宇航员测试一个供发射期间出现问题时使用的逃生装置。萨姆小姐以每小时2896.82千米的速度进入太空，升到距离地面14千米的地方后，太空舱坠入大西洋。

苏联的两只狗经过一年的训练后

◆美国宇航局太空黑猩猩

太空探索之趣——航天轶事

跟随火箭发射向太空，在 1960 年 8 月 19 日创造了历史，成为第一批安全从轨道返回地球的动物。事实上它们并不孤单，陪它们进入轨道的，还有 1 只兔子、40 只小白鼠、一些苍蝇、1 对大白鼠和植物。

轶闻趣事——豹蟾鱼

这张照片显示的并不是一个外星人，而是一条豹蟾鱼。科学家之所以会选择豹蟾鱼，是因为它的听力结构跟人类的非常相似。它被美国宇航局在 1997 年借助"哥伦比亚号"航天飞机送入太空，用来研究失重状态下对它的神经系统产生的影响。

◆豹蟾鱼

一门新兴学科——太空医学

◆图为美国宇航局把青蛙送入太空，用来研究失重状态会对两栖动物的卵受精和孵化产生的影响

人类前往火星需要在太空航行6个月，跨越数百万千米。在这期间，宇航员的骨钙会流失，肌肉可能会萎缩，甚至连基因也受到损伤。到达火星后，宇航员可能已经虚弱得没有力气离开太空船了。

太空环境恶劣，载人航天具有很大风险，环境因素可能导致宇航员一系列生物医学和心理方面的问题，严重者甚至可能威胁到宇航员的生命。这些问题怎么解决呢？一门新兴学科——太空医学悄然而生。

失重——造成骨质疏松和结石

在地球上，人体为了适应重力的作用，肌肉与骨骼都起到了支撑身体的作用。骨骼组织中既有破骨细胞又有成骨细胞。破骨细胞不断地去除骨基质中的磷酸钙，起破骨作用。成骨细胞不断地将磷酸钙存储在骨基质中，起成骨作用。我们走路或锻炼时肌肉给予骨骼压力，甚至在我们睡觉的时候，也有些肌肉给骨骼施加压力，给予成骨细胞活动所需的刺激。成骨作用大于破骨作用，人体的骨骼才能保持正常，但在失重条件下，肌肉和骨骼不用再发挥支撑作用了，成骨细胞活动失去了刺激，但破骨细胞的活动仍在继续，因此，破骨和成骨活动之间的平衡被打破了，骨骼破坏的多，重建的少，导致钙以及其他组成骨骼的物质流失，骨骼就变得脆弱了。因此，肌肉萎缩与骨质流失在失重状态下是不可避免的。那怎样才能避免这种情况的发生呢？

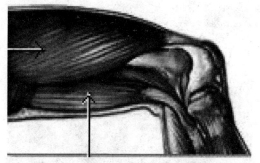

◆人体的肌肉都附着在骨骼上，给予骨骼一定的压力（箭头所指的是肌肉组织）

目前，研究太空医学的科学家采取的措施是让宇航员进行药物治疗和简单的身体训练。在空间站长期生活的宇航员，每天要锻炼，科学家发明了一种很简单的练习器材，把两根有弹性的绳子分别固定在太空舱的一侧，宇航员则把绳子另一端套在肩上，然后做蹲起运动，锻炼骨骼。有的航天员每天要进行两个小时的走路或跑步训练，以保持肌肉的力量。但这些方法只是用于短期的太空生活，长期的太空生活依靠人造重力，模拟地球环境。

◆失重对人体有一定影响

太空中的骨损失还会引起肾结石。肾结石的形成原理是骨损失会引起血液中钙水平的上升，钙在肾脏聚集，容易导致肾结石，一旦肾结石形成了，患者就会感到非常痛苦，受尽折磨，无法完成自己的职责，甚至只好取消飞行任务了。当然，排出肾结石和阻止肾结石的形成最简单的方法是大量喝水。但这意味着要排出更多的尿，而在太空中处理尿液是件很伤脑筋的事情，科学家还没有好办法来解决这个问题。

小知识

科学家设计了一种人工动力离心分离机。宇航员在这个类似脚踏车的设备上进行360度的旋转，这种人造重力装置可以提供连续的重力。

讲解——超重：全身血液分布失衡

◆在船舱中宇航员通常采取仰卧姿势，这样超重对人体的影响较轻

在坐电梯时，许多人都有这样的感觉，在电梯启动加速阶段会头晕，这是由于加速阶段会出现超重现象，使得血液重新分布。超重分为正负两种，重力作用于人体的方向由头至足的称正超重；反之，重力的方向由足至头时称负超重。同样的道理，在载人航天器的发射加速上升时，宇航员要承受的超重高达 5 倍于地球引力，宇航员返回地面时则要经受开伞减速和着陆冲击的考验。正超重时，血液受惯性力作用由上身转移到下身，引起头部、上身缺血，视力障碍，严重时可发生晕厥。宇航员经过严格训练基本能耐受火箭加速阶段引起的超重。

如何承受孤独？

宇航员在太空飞行中，除了在生理上会遇到上述各种各样的疾病，在心理上也承受压力。他们面临对身体有潜在危害的恶劣的太空环境、超负荷的工作压力、长期的生理变化、狭小的工作生活环境、缺乏与外界的交流与沟通、孤独、对航天飞行失败后严重后果的恐惧，这些都能使宇航员压抑、紧张、烦躁，出现心理状态恶

◆美国航天局的宇航员目前正在靠近佛罗里达州海岸的大西洋水下近 20 米的深处训练，为今后登月作准备

化，从而导致工作能力下降或出现工作失误。

美国宇航局在 2007 年 5 月启动一项水下模拟太空实验。两名宇航员、一名太空医学专家以及一名普通医生将在"宝瓶座水下实验室"内模拟宇航员在月球表面行走，并进行太空医学研究。这一实验室是目前全球唯一的水下永久性居住的实验舱，靠一系列水面装置提供电力、生命支持及通信联系，其大小与国际空间站的宇航员生活舱类似。

◆韩国首位上天的宇航员李素妍头发受损程度严重，主要原因是背负成为"首位宇航员"重担，承受重大心理压力

广角镜——前庭功能紊乱

许多人都有晕船、晕机、晕车的经历，这些都是航天运动病的一种，它的病因与前庭器官的功能密切相关。飞行中各种速度的突然变化对人体内耳中的前庭器官形成刺激，在适宜范围内一般不会引起不良反应，当速度的突然变化时间持续较长，过于频繁、剧烈，超过人体的耐受，就会导致头晕、呕吐、恶心、面色苍白、出冷汗等运动病的反应。

◆三维滚环用来训练宇航员的前庭功能

航天运动病发生率约占宇航员总数的 1/3～1/2，不危及生命。航天员初期进入失重状态后即刻发病，大概一周之后，人的前庭功能可适应失重状态。航天运动病至今还没有办法来预防。

造福人类——太空育种产品

　　为什么在太空可以进行育种呢？在太空育种主要是通过强辐射、高真空和微重力等太空环境因素诱发植物种子的基因突变。由于亿万年来地球植物的生理、形态和进化始终深受地球重力的影响，一旦进入失重状态，同时受到其他物理辐射的作用，可能产生在地面上难以产生的基因变异。但是究竟主

◆太空育种真的有那么神奇吗？

要是哪些因素影响，以及如何产生影响，至今还没有定论，还需要进一步的研究。

高产的太空育种产品

◆2007年5月1日，在深圳中国航天搭载物品巡展上展出的太空育种花卉

　　太空育种是集航天技术、农业育种和生物技术于一体的农业育种新途径，是当今世界农业领域中最尖端的科学技术课题之一。太空育种比起普通诱变育种来说变异率高3～4倍，育种周期较杂交育种周期缩短约1/2，由8年左右缩短至4年左右。并且太空育种具有变幅大、变异多、时间短，以及高产、早熟、优质、抗病力强等优点。

太空探索之趣——航天轶事

通过已进行的太空农业试验，揭示了许多植物、动物等生物体的特性奥秘。目前，世界上只有中国、俄罗斯、美国三个国家拥有返回式卫星技术，所以只有这些国家能进行太空育种。

我国自 1987 年以来，利用返回式卫星和神舟飞船，先后进行了 1000 多个品种的种子和生物材料上天。

科技导航

太空育种的水稻

水稻种子经卫星搭载，获得了植株高、籽粒饱满、生育期短和穗型大的性状变异。单季亩产 400～600 千克，最高达 750 千克。蛋白质含量增加 8%～20%，氨基酸总含量提高 53%。

广角镜——太空育种安全吗？

宇宙射线引起的基因变异经常会让人想到转基因食品。它们俩是一回事吗？回答是否定的。太空育种是让作物的种子自身发生变异，没有外源基因的导入，而转基因作物培育出的新品种是通过将外源基因导入大豆植物体内而形成的，如转基因大豆是将非大豆基因，甚至是动物、微生物的基因导入大豆而产生的变异。这说明太空育种是非常安全的，不用担心产品的安全性。

◆太空育种的青椒

太空食品是按照人类需要选择出来的，不是转基因食品。至于污染，则是栽培方法和使用农药、化肥的问题。

我送速递到太空——太空邮局

太空一直是人类梦寐以求想要到达的地方，自从1961年加加林进入太空以来，进入太空已经不再遥不可及。2007年又有一批"乘客"进入太空，不过它们可不是宇航员，而是一批"鼠辈"和蟑螂。这些"乘客"让人觉得很稀奇，这次升空它们肩负着一个重大使命，那就是建立太空邮局，开拓太空速递业务。

◆俄罗斯光子—M3卫星

特殊"乘客"上太空

◆光子—M3卫星释放出超长绳索飘向地球

一批特殊的乘客在2007年9月14日下午3点搭载光子—M3科研卫星被俄罗斯"联盟号"运载火箭从拜科努尔发射场发射升空，随后进入了预定轨道。在这颗科研卫星里，有一批特殊的"乘客"——10只北螈蒙古沙鼠、20只食用蜗牛、5只壁虎、若干蝴蝶蛹以及数只蟑螂等。这些小动物们将度过它们12天的太空之旅。

2002年以来由英国、俄罗斯、意大利、希腊、德国5国，约500多名科研人员共同开发的太空邮局的太空快递的项目，也将在光子－M3卫星上进行首次试验，太空快递的目的是开发一种全新的小件货物太空运输模式，如从太空站向

◆密封舱最终通过降落伞着陆

地球投送装有科研成果的密封装置等。

担当太空快递使命的小卫星重6千克，绑定在光子－M3上，它将在预定时间脱离光子－M3卫星，在微重力作用下飘向地球，但小卫星和它的密封舱之间仍由一根长30千米的高强度聚乙烯绳索相连，这根绳索直径仅0.4毫米。小卫星大约距地面275千米时，绳索被完全拉紧，它的两端会同时断开，密封舱将坠向预定着陆地点，并在距地面5千米时打开降落伞软着陆，完成一项历时约9小时，从太空站距地面305千米的远程"运输"。

按原计划，当天试验时，绳索应以每秒12米的速度展开。在一定时间后，绳索两端同时断开，密封舱在大气层中降落，最后在降落伞的作用下着陆。但实际情况有偏差，绳索展开的速度只有每秒5米，因此"邮件"并未降落在预定的哈萨克斯坦沙迪尔市郊区，没有送达指定地点。

万花筒

从2002年开始，欧空局已在太空快递项目的研究上投入了45万欧元。俄罗斯、希腊、英国、意大利和德国的500多名科学家和大学生参与了该项目的开发。

广角镜——太空邮局发展史

◆季托夫，苏联航天界在世的资格最老的英雄，他也是航天史上上天时年龄最小的人

人类第一次"宇宙投递"的完成要追溯到 1969 年 1 月 15 日。这次"宇宙投递"是由苏联航天局完成的。叶利谢耶夫和赫鲁诺夫当时乘坐"联盟 5 号"飞船升空，在与"联盟 4 号"对接后，便把一些报纸和信件送到了宇航员的手中，令在"联盟 4 号"的沙塔洛底激动得热泪盈眶。

此后，在 1978 年 3 月，"联盟 28号"飞船也曾给"礼炮 6 号"轨道站投递过来自地球的信件。

和平轨道站邮局由苏联航天局在 1988 年 11 月 26 日开创，这是世界上第一个太空邮局，局长是空间站的指令长季托夫。由于当时太空的特殊条件，太空邮局的业务范围很窄，仅受理宇航员的家信及一些空间局的特别邮件。和平飞船装上了一些邮件，这些邮件都盖上轨道站邮局开张的那一天，"联盟 7 号"了三个有特殊意义的邮戳，分别是苏联的特别纪念戳、太空邮局的日期戳和法国纪念戳（当时在和平轨道站上有一名法国宇航员）。

太空为我所用

——太空开发漫谈

2007年4月26日，英国著名物理学家斯蒂芬·霍金结束在大西洋上空两小时的"失重之旅"后发出一声感慨："太空，我来了！"霍金更想表达的是地球人大规模开发太空的时代到了，就像当年美国人开发西部、欧洲人开发新世界一样。通过近半个世纪的发展，太空已成为与人类生存和发展息息相关的第四环境，这是人类文明史上一次了不起的飞跃。21世纪将是更深入、更广泛地开发和利用太空资源并使其造福于人类的时代。

宇宙的恩赐——太空资源

太空中客观存在的、可供人类开发利用的环境和物质都称为太空资源。太空资源主要有哪些呢？高真空和超洁净环境资源、相对于地面的高远位置资源、太阳能资源、微重力环境资源、行星资源、月球资源等。人类社会的进步是建立在空间资源的开发、利用上，它改变

◆太空中蕴藏着丰富的资源

了人们的观念和生活。大规模开发、利用太空资源，能有效拓展21世纪人类生存的空间。

太空资源知多少？

资源来自人类所处的天然环境，它是人类生活资料和生产资料的来源，来自于天然。空间环境中蕴藏着极其丰富的空间资源。航天器相对于地球表面的高度形成了一种十分重要的空间资源。相比起人站在地面上的视野来说，它有十分重要的空间

◆在离地球200千米的轨道上的人造卫星，可以看到14％的地球表面

◆太阳的耀斑

优势。即使天气好，在地面的视野只能看到几十千米。乘飞机能看到方圆数十千米，甚至数百千米的地方。站在珠穆朗玛峰上，能看到 0.07％的地球表面，在距地面 35786 千米的地球静止轨道上的航天器，则可将 42％的地球表面收纳眼底。充分利用这种位置资源具有重要意义，这种位置是一种宝贵的资源。

　　微重力、高真空环境资源也是非常重要的太空资源。在距地面 100 千米以上的高度，是"真空地带"，那里没有空气，这种空间非常巨大，就像是硕大的"真空罐"，且纯净无污染。在绕地轨道上运行的航天器中的物体，一方面受到地球引力的作用，另一方面受到惯性离心力的作用，这两种力达到平衡，相互抵消，航天器处于微重力状态，只受到其他微小干扰力的作用。此时，航天器里物体的重量只有地面的十万分之一或百万分之一，物体悬浮在空中，飘忽不定。空气、水受热后，不会出现上下对流，比重不同的液体，可以在一起和平共处，液体也没有固定的水平面。这种奇特的环境，对新材料加工、细胞、蛋白质晶体、微生物的生长与培养是十分有利的，其结果是不仅大小发生变化，而且纯度也高。

　　太阳每时每刻都在进行剧烈的反应，是一个脾气暴躁的大火球，能产生巨大的能源流。太阳照射在地球的热能量为每秒钟 81 万亿千瓦，相当于每秒钟照射地球每平方米为 1 度电量，相当于燃烧 500 万吨优质煤所发出的能量。每秒钟带给地球的总热量是现今全世界每秒发电量的数万倍。因此，太阳是一个取之不尽、用之不竭的洁净能源宝库，充分利用太阳能前途无量。

小知识　　强辐射资源

宇宙粒子射线辐射能穿过人体，是看不见的高能粒子流，它能杀死细胞，如医学上使用的X光透视和放射疗法等。太空中充满着各种强烈的辐射，如太阳电磁辐射、银河宇宙线、太阳宇宙线等。

轶闻趣事——热核聚变与人造太阳

中国国家科学技术部门在2006年与其他六方一起在比利时首都布鲁塞尔草签了《国际热核聚变实验堆联合实施协定》。这标志着国际热核聚变实验堆计划开始正式执行，工程建设即将开始，也标志着我国实质上参加了该计划。

这个示范级核聚变反应堆将建在法国南部，它是世界上第一个核聚变反应堆，它将第一次实现持续核聚变反应。该反应堆建造成本为144亿加元。当这个历时8年的项目完成后，国际热核聚变实验反应堆产生的电能可达到500兆瓦。

◆国际热核聚变实验反应堆 (ITER) 计划

氦－3的巨大应用前景

开发利用月球土壤中的氦－3将是解决人类能源危机的途径之一，氦－3是一种安全、清洁和高效率的核融合发电燃料，极具潜力。1千克氦－3便可产生19兆瓦的能量，可以为莫斯科市照明6年多。美国航天专家指出，用航天飞机往返运输，一次可运回20吨液化氦－3，可以提供美国一年的电力需要。

当前氦－3被认为是极具潜力的能源。地球上氦－3的总储量共约几

太空的探索与开发

◆月球资源开采想象图

百公斤，难以满足人类的需要。科学家发现，相对于地球上氦—3的储量非常少，在月球上，它的储量却非常可观的。

颗粒小于50微米的富含钛铁矿的月球土壤中集中着大部分氦。估计整个月球有71.5万吨氦—3。这些氦—3所能产生的电能，相当于1985年美国发电量的4万倍。考虑到月球土壤的排气、开采、运回地球和同位素分离的成本，氦—3的能源偿还比估计可达250。铀235生产核燃料偿还比约20。与地球上煤矿开采偿还比不足16相比，这个偿还比是相当高的。此外，从月球土壤中提取1吨氦—3，还可以得到约70吨的氮、6300吨的氢和1600吨碳。这些副产品可以用来维持月球永久基地。俄罗斯科学家加利莫夫认为，人类只需每年发射2到3艘载重100吨的宇宙飞船，从月球上运回的氦—3即可供全人类作为替代能源使用1年，而它的运输费用只相当于目前核能发电的几十分之一。

万花筒

从现在着手实施开采氦—3的计划，大约30年到40年后，人类将实现月球氦—3的实地开采并将其运回地面。

链接：什么是氦—3?

氦其实非常常见，比如广告大气球和飞艇里面充的就是氦气。氦气比空气轻，所以能漂浮，比起氢气来安全得多。地球大气之中氦气的含量较高。但没有天然氦—3。地球上大约每 100 万个氦原子之中，只能找到一个氦—3 原子。

氦—3 含有两个质子和一个中子，是氦的同位素。当氦—3

◆飞艇中用的就是氦气

和氦—4 以一定的比例相混合后，通过稀释制冷理论，温度可以降低到无限接近绝对零度。在温度达到 2.18 开尔文以下的时候，液体状态的氦—3 失去粘滞性，出现"超流"现象，甚至可以从盛放的杯子中"爬"出去。

太空资源开发与利用

当今，空间资源的利用、空间技术的发展，已是一个国家综合国力以及科学技术发展水平的重要标志。在短短几十年内，世界空间资源开发及应用推广，受到世界各国的普遍关注，取得了巨大的经济和社会效益，硕果累累。空间资源的利用，为人类社会的发展提供了强大的推动力。

◆遥感卫星解决了人类用常规手段无法观测或观测不足的难题

遥感卫星发射成功后，人们将卫星遥感技术用于研究水涝和沙漠化、盐化、海岸线动态、干旱和农

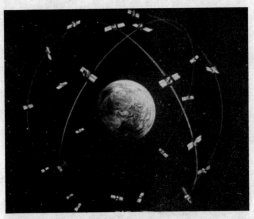

◆全球定位系统

产品估算，监测森林再造、森林砍伐、土地使用的变化情况，不仅大大提高了效率，而且大大提高了观测精度、范围和准确性。

导航定位卫星不仅为船舶、飞机、铁路、公路交通提供导航服务，还为救援与搜索进行准确定位。卫星导航定位系统广泛应用于车辆、飞机、舰船，为交通安全和提高运输效率提供有力的保证。利用卫星建立交通系统，使航空、航天、航海、公路、铁路相结合，建立现代化的高速、立体交通管制网络。

利用通信卫星，人类实现了电视转播、全球通信，今天的人们已经离不开通信卫星了。在现代社会，从传送图像到传送收据，从传送语言到传送文字，从传送资料到传送各种控制信号，有一百多种业务靠通信卫星完成，几乎人们需要什么通信，它就能提供什么。

在人类进入21世纪的今天，资源卫星、通信广播卫星、导航定位卫星、气象卫星在农业现代化中均获得了广泛应用，通过卫星农作物有无病虫害、产量如何、种植面积多少、旱涝等情况一目了然。这些信息，对及早发现病虫害，指导作物种植面积，确定产品价格，以及解决农业发展中出现的重大问题，推进优质、高产、高效农业的发展作出新的贡献。

点击

气象卫星在研究和监测地表以及海洋生物量、进行天气预报、跟踪和探测台风和旋风等方面发挥了重要作用，还为洪涝灾害预警和赈灾等提供服务。据有关资料统计，人类依靠气象卫星每年避免天气灾害损失达数千亿美元。

广角镜——空间环境资源的开发

除开发空间位置资源外，各航天大国在空间环境资源的开发利用上也进行了不懈的探索、尝试。最主要的探索是在"和平号"空间站里进行的。

科学家们在太空材料加工实验中发现，空间是发展半导体金属材料、复合材料、新型工艺和玻璃材料的理想场所。苏联曾首次在空间培养出超离子晶体、半导体晶体结构、沸石晶体、干扰素、胰岛素等。同时，又为未来在空间站或外星上建立长期居住基地，提供受控生态环境及生命保障体系，做了理论和技术上的准备。

◆太空为科学实验提供了理想的场地

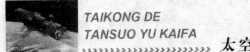
"星球大战"重酝酿
——各国太空开发竞争再次起跑

◆多国合作的国际空间站是人类探索太空的前哨基地

虽然探索宇宙一直被誉为是全人类的事业，但回顾过去，从第一颗人造卫星于 1957 年上天到 20 世纪 90 年代，人类探索太空的历史更多的是一部竞争的历史。我们欣慰地看到，随着时间的流逝，在世界航天界的竞争仍然存在，但各国通力合作已成为今后太空开发的主题。

硝烟弥漫的竞争

在经历两次世界大战之后，美国和苏联为代表的两大阵营在 20 世纪中期形成冷战格局，美苏继核武器之后展开竞赛的又一个重要战场是外太空。

以苏联在 1957 年成功发射第一颗人造卫星为标志，太空竞赛的序幕拉开。

苏联宇航员加加林在 1961 年 4 月 12 日莫斯科时间上午 9 时 07 分乘坐"东方 1 号"宇宙飞船从拜科努尔发射场起航，在最大高度为 301 千米的轨道上绕地球一周，经过 1 小时 48 分钟后于上午 10 时 55 分降落在苏联

◆进入太空第一人——尤里·加加林

境内，实现了人类进入太空的愿望，完成了世界上首次载人宇宙飞行。

美国朝野被苏联在航天领域，尤其是载人航天领域的领先震惊了。美国于1969年7月21号发射"阿波罗11号"宇宙飞船，并成功登月，阿姆斯特朗成为第一个踏上月球的人。美国以此显示自己在太空科技方面的实力并不比苏联落后。

美苏太空争夺战在20世纪70年代初进入白热化：苏联送上礼炮系列载人空间站，美国发射登月舱、外空探测器和太空实验室。太空竞赛让美苏两国感受到荣耀的同时，也遇到了越来越大的技术以及财力与物力的挑战。

◆登陆月球的第一人——阿姆斯特朗

广角镜——竞争中的合作

1975年7月17号，苏联的"联盟号"飞船与美国的"阿波罗号"飞船在太空实现对接，展示了人类太空合作的前景。

美国里根政府在1982年上台后，以"星球大战"计划挑起了新一轮军备竞赛。

苏联在1986年建成"和平号"轨道空间站。美国则在20世纪80年代研制出航天飞机。

1991年苏联解体，宣告冷战结束，

◆美国的"阿波罗号"飞船与苏联的"联盟号"飞船上的成员

太空领域的国际合作开始迈出实质性步伐。美俄在1993年11月签署协议，俄罗斯参加阿尔法国际空间站的建造。从1995年6月起，美国航天飞机先后与俄罗斯"和平号"空间站对接九次，这标志着美俄在太空开发上从竞争走向合作，同时为后来建造国际空间站进行了必要的准备。

没有硝烟的战场

◆美国波音公司正在研制的反卫星动能武器，它可以通过发射高速运动的弹头摧毁目标

◆苏联制定的太空防御系统

太空竞争为人类所熟悉，而在许多人看来，太空战争似乎还很遥远，如果太空真有爆发战争的可能，它或许不是以惊天爆炸为始，而很有可能于无声无息中拉开帷幕。

卫星系统是军队太空能力的软件支撑，多种类型的太空攻击性武器则是硬件支撑。一旦卫星资源遭到损毁，美国的军事实力将下降80%。因为在美国约100%的导航定位、90%的军事通信、近90%的战略情报、100%的气象信息均来自其部署在太空的军事资源。

1967年10月，联合国的《外空条约》正式生效。该条约的主要宗旨是防止太空军事化。但是苏联到20世纪80年代末期在反导弹、粒子束武器、反卫星的激光武器和动能武器方面取得很大进展，有些武器比美国先进。随着苏联的解体，在廉价、实用的太空武器开发方面，独立出来的俄罗斯军队取得重大成果，其研制的太空雷已经可以用于实战部署。美国在20世纪90年代中期恢复了激光武器的研制，加紧对高能微波武器的研制，这些武器可以用于常规的无线电波能量破坏甚至摧毁信息系统和通信系统中的电子元件。

其他国家面对太空强国咄咄逼人的进攻姿态，也不得不将目光移向太空。韩国、日本、巴西研制和发展各种用途的军事卫星，并加紧制订卫星发展计划。欧盟除了正在部署"伽利略"导航定位卫星系统外，也在制订新的太空开发计划。印度的空间技术取得飞速发展，宣布准备向月球发射无人探测器，并已开始研制可重复使用上百次的小型航天飞机，还要赶在中国之前将航天员送上月球。不管承认与否，新一轮的太空军备竞赛已经在全球范围悄然拉开了序幕。

◆美国太空武器想象图

万 花 筒

不愿面对的结局

20世纪60年代初美国总统肯尼迪有一句名言："谁控制了太空，谁就控制了地球。"全面而大规模的太空军备竞赛的最终结果，可能使得太空强国成为地球的主宰者。如果真的出现这种状况，是人类的悲哀，也是太空的悲哀。

链接：空天飞机——全球快速投送武器

空天飞机神奇的速度令人折服，它是航空领域的新型飞机。如果空天飞机一旦用于太空武器，后果将不可想象——它能够在全球快速投送武器。利用在太空中飞行的优点，未来的超音速无人驾驶空天飞机可以实现在两个小时内打击地球上任何一个地方，这种能力被称为"即时全球打击"。这是美国空军提出的设想。未来的无人驾驶空天飞机由两种飞行器组成，一个用来运送武器，另一个则用来投射炸弹。

◆美国开发的无人驾驶空天飞机 X—37B

　　不过发展全球打击能力不仅仅面临着技术上的挑战，在国际政治中也面临着其他国家质疑的担忧。许多国家担心美国将用这种飞机投送核武器，为此，美国国会还特意限定了拨发给通用航天器研究资金的使用范围，规定其不得用于开发任何常规武器和核武器。

绿色能源——如何利用太空太阳能

随着全球能源短缺和变暖问题日益紧迫，在太空获取能源愈发迫切。2007年10月，美国五角大楼在报告中明确指出，与"向下钻取能源"一样，"向上钻取能源"的工作必须立即开始。所谓宇宙太阳能发电站是指在宇宙空间进行大规模的太阳能发电，然后通过无线电波将电力输送到地面。一旦设想变为现实，这将成为一种取之不尽的洁净能源。

◆作为21世纪最有潜力的清洁能源，太阳能产业有着巨大的发展前景

24小时工作的太空发电站

太阳能发电在地面只能做到"白天工作"，因为一天中只有白天阳光普照，遇到阴雨天连"一班作业"也实现不了。这"一班作业"只是利用太阳光中很小的一部分能量。怎样解决阴雨天也能获取太阳能这个问题呢？

1996年，格拉泽——美国利特尔咨询公司太空业务主

◆太阳能发电只能"一班作业"

管——提出了在太空建立太阳能发电站的计划。什么是空间太阳能发电

◆在宇宙空间，太阳光的辐射能量十分稳定

站？它是指在空间进行太阳能发电，再通过无线方式传输到地面的电力系统。与目前已在空间应用的卫星和空间站等太阳能电源系统相比，其规模和能力要大得多。

太阳光线在宇宙空间不会被大气减弱，太阳光的辐射能量十分稳定。因而建设在静止轨道上的太阳能电站，一年有99％的时间是白天，其利用效率比在地面上要高出6～15倍。相对于地面来说，太空太阳能电站的发电系统简单，而且在高真空、无重量的宇宙环境中，对设备构件的强度要求也不太高。

万花筒

太空发电站潜在的价值对于正面临能源短缺、生态和环境恶化的地球人来说，具有重大的战略意义。

空间太阳能发电站结构

空间太阳能发电站主要包括三大部分：太阳能发电装置、地面接收和转换装置及能量的转换和发射装置。太阳能发电装置能将太阳能转化成为电能；地面接收系统接收空间发射来的能束，再通过转换装置将其转换为电能；能量转换装置将电能转换成微波或激光等形式（也可以直接将太阳能转化为激光），并利用天线向地面发送能束。整个过程经历了太阳能——电能——微波（激光）——电能的能量转换过程。显然，空间太阳能发电站的建造和运行过程还必须包括复杂的后勤保障系统和大型运载系统。

日本 SPS2000 计划

日本国土面积小，资源匮乏，对进口石油依赖性高，这也造成了日本在可再生能源和太阳能研究领域处于领先地位。另外，近年来，日本还制定了一项十分严格的温室气体减排目标。从 1987 年开始，日本就着手研究空间太阳能发电，并于 1990 年成立了"SPS2000"空间太阳能系统实用化研究小组。他们的目标是于 2000 年在围绕地球轨道上组建太阳能发电卫星，输出能力为 1 万千瓦。这个卫星是一个正三棱柱体，总重 2401 吨，边长

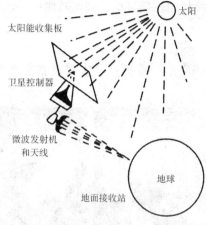

◆太空太阳能电站设想图

336 米，柱长 303 米。采用分部发射至太空，然后由自动组装机和机器人进行组装、保养。

由于多种原因，这一计划最终未能实现，但研制工作并没有中断过。预计到 2040 年将建成 100 万千瓦和 500 万千瓦的空间太阳能发电站，并通过微波天线将微波能发射回地球，天线将长达 1 千米。

与地面相比，太阳能电池在太空中收集的能量是其在地面收集的 5 倍以上，收集的太阳能随后靠一种建造在海上或水库上的巨型碗碟状天线接收，但太空太阳能发电站存在许多挑战。日本提出了分布式系绳卫星的方

◆设想中的太空太阳能发电站

◆向地面传输能量

案，按这个方案，电站组装和维护十分方便，但重量仍偏大。研发者希望建立的供电系统足以给东京 30 万个家庭供电。该系统相当于一个中型核电站，但发电成本低，仅为一般发电厂的 1/6。建立太空太阳能发电站的最终目的就是寻找一种比其他可替代能源更为廉价的能源。

链接：令人期待的无线充电技术

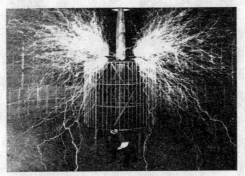

◆特斯拉进行无线电力传输实验

科学家提出了"无线充电"的概念，什么是"无线充电"呢？就是利用一种特殊设备将电源插座的电力转变为可充电的电波，在没有电线的情况下直接对电子设备充电。物理学家尼古拉·特斯拉早在 1890 年就已经做了无线输电试验。特斯拉构想的无线输电方法，是把地球作为内导体、地球电离层作为外导体，通过放大发射机以径向电磁波振荡模式，在地球与电离层之间建立起大约 8Hz 的低频共振，再利用环绕地球表面的电磁波来传输能量。但因资金不足，特斯拉的大胆构想并没有得到实现。后人从理论上完全证实了他的方案是可行的，但世界还没有实现大同，想要在世界范围内进行能量传播和免费获取也是不可能的。

太空行走的无穷动力——引入核能技术

在茫茫宇宙中，"旅行者 1 号"、"旅行者 2 号"飞船飞掠过海王星、土星后，于 1990 年飞出太阳系，进入宇宙深处，继续它们无尽头的旅行。据计算，到公元 4000 年时，"旅行者 1 号"将从鹿豹座一颗恒星旁掠过。这两艘飞船的外表是个十棱柱体，顶部有一个直径为 3.7 米的圆形抛物面天线，还有两根鞭状天线。在它们的舱内有一张直径为 30.5 厘米的镀金铜唱片，它能在宇宙中保存 10 亿年。那么这两艘飞船使用什么样的能源，能使可以保存 10 亿年的唱片在宇宙深处持续工作？这就是核动力。

◆核动力

耐用的核电池

核电池也叫做原子能电池或放射性同位素温差发电器，这种温差发电器是由一些性能优异的半导体材料，如碲化铅、碲化铋、锗硅合金等，串联起来组成的。另外还得有一个合适的热源和换能器，在两者之间形成温差进行发电。通常具有放射性的原子核会发生衰变，在放射出能量及粒子后可以变得较为稳定。核电池正是利用放射性物质衰变会释放出能量的原理所制成的。核电池的放射性同位素热源在蜕变过程中向外放出的能量有两个优点，一是蜕变时间很长，这决定了核电池可以长期使用；另一个特

◆ "阿波罗11号" 上的放射性同位素装置是供飞船在月面上过夜时取暖用的，也就是说它仅仅用于提供热源

◆核电池的辐射远远小于原子弹爆炸的辐射

点是蜕变时放出的能量大小、速度不受外界环境中的电磁场、压力、化学反应、温度的影响，因此，核电池以抗干扰性强和工作准确可靠而著称。

1959年1月16日，美国人制成了世界上第一个核电池。它在280天内可发出11.6度电，重量为1800克。在此之后，核电池的研制突飞猛进。美国在1961年发射的第一颗人造卫星 "探险者1号" 上面就用核电池为无线电发报机供电。美国在1976年发射的 "海盗1号"、"海盗2号" 两艘宇宙飞船也是用核电池供电的，因为火星表面温度的昼夜差超过100摄氏度，如此巨大的温差，一般化学电池是无法工作的。这两艘飞船先后在火星上着陆，在短短的5个月中得到的火星情况，比以往人类历史上所积累的全部情况还要多。

核电池在医学上已用于心脏起搏器和人工心脏。这些仪器要求有精细可靠的能源，以便放入患者胸腔内长期使用。以前在无法解决能源问题时，人们只能把能源放在体外，但联结体外到体内的管线会引起感染，非常令人头疼。现在植入人体内的微型核电池以合金作外壳，内装150毫米钚238，整个电池只有160克重。它可以连续使用10年以上，如换用产生同样功率的化学电池，则重量几乎与成人的体重一样。

放射性同位素电池也安装在了气象卫星 "雨云号" 上。这种气象卫星环绕地球周围的轨道飞行，对大气层和地球表面的地形进行勘察和调查，或者可以用来拍摄云图。

广角镜——超薄的核电池

核能电池通常被应用在航空航天技术或军事上，不过通常体积较大。美国密苏里大学研制出了微型核电池，外观仅有硬币大小，使用寿命可达普通电池的 100 万倍。

微型核电池使用液态半导体，在带电粒子通过时不会损伤半导体，所以它们得以进一步将电池小型化。虽然人们总是闻"核"色变，但实际上

◆超薄核电池原型

核动力能源早就被应用在太空卫星、心脏起搏器和海底设备等多种安全供电项目上。由于对核能的忌惮，核电池一直被认为不适合民间使用。微型核电池的发明推动了核动力的普及，说不定不久的将来就会出现核动力笔记本等。

强劲动力——核动力火箭

美国核科学家乌拉姆最早提出核火箭的设想，利用核聚变使一颗颗小型原子弹在飞船尾部相继爆炸产生推力。估计爆炸 50 颗原子弹后飞船速度可达 12 千米/秒，而每颗原子弹的爆炸当量为 1000 吨 TNT 炸药。美国核科学家泰勒在 20 世纪 50 年代末提出了类似的"猎户座"计划，每颗原子弹的爆炸当量为 2000 吨 TNT，爆炸 50 颗后飞船的最大速度可达 70 千米/秒。

化学燃料火箭与核火箭的不同之处在于，核火箭核燃料体积小、发热量大，核火

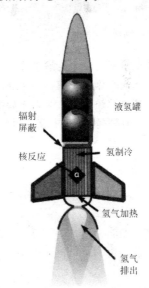

液氢罐

辐射
屏蔽

氢制冷

核反应

氢气加热

氢气
排出

◆核火箭发动机原理图

箭可做到体积小、重量轻。

等离子挤压式核发动机是国外研究得比较多的核火箭发动机。它的心脏是一个核反应堆，但是是用来供电的，而不是用来供热的。启动时，先向Y型真空室注入推进剂液氢，接着马上将两端封闭起来，并接通电流，使推进剂加热到70万摄氏度。这时推进剂已成为高温等离子体，它在电磁力的推动下，从火箭尾部喷出。喷出的等离子体可达到极高的速度，可以将火箭加速到星际航行所要的速度。

讲解——飞船接近光速的后果

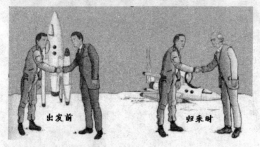

出发前　　归来时

◆时间膨胀的结果

要实现真正的太空旅游的梦想，人类必须要与时间赛跑，使自己的生命进程变得慢些，来适应数十光年的路程。当然，乘坐现有速度的宇宙飞船做这番旅行是不可能的，只有乘坐接近光速的飞船，才可能达到目的。

狭义相对论认为，运动越快，时间越慢，但这种效果只有在速度接近于光速时才能够实现。假设你今年25岁，并有一位双胞胎弟弟，他留在地球上，而你乘一艘能达到光速的90%的飞船离开地球。由于你的速度太快，飞船里的时钟就会比地球上的慢一半。这样就延长了你的时间，叫做时间膨胀。当你的时钟转了10年后，你回到了地球。这时你35岁，你的孪生弟弟已经45岁了。

未来新家园——移居太空

人类利用宇宙空间的最大梦想是移居太空。当地球人口达到 120 亿时，人类就不得不考虑移居太空了。人类在其他星球上寻找水源，是在探索适合人类生存的基本条件，并且探寻宇宙中的其他生命形式的存在。找到了水就意味着人类有可能在其他星球建立长久定居地。有人说，人类在 21 世纪解决

◆未来的外星球的定居点设想图

人口爆炸和能源危机等问题的最佳途径就是在其他星球上克隆第二个地球，建造第二故乡。这个设想也许还有些遥远，但是也有专家预言，就在本世纪，人们将可以实现移居太空的梦想。

人类能移居太空吗？

随着人们对空间环境、技术认知程度的提高和航天技术的发展，人类在航天领域取得的成果越来越多，人类移居太空的梦想最终能够实现，一些技术问题会逐渐解决。

人类航天技术的鼻祖齐奥尔科夫斯基早在 1926 年就设想在将来的某一天，人类将在地球周围的宇宙空间建立居民点。他解决太空失重问题是利用自旋产生人工重力，在那里用温室种植植物，通过人工控制的方法使室内的温度、湿度达到适合于植物生长。他大胆地预言："选择收获量最大的农作物，在最佳的生长条件下，空间农场的每寸地方都可能充裕地养活

◆孩子眼中的太空大棚

◆在美国亚利桑那州建造的几乎完全密闭的"生物圈二号"实验基地

宇宙移民。"

也许你会问，现在的空间站不就是一个太空城吗？其实，科学家们设想的太空城与空间站是有区别的，它们的不同在于，太空城的物资应该是自给自足的，而首先是食物的自给自足，它是宇宙的移民点。而目前空间站上的生活品都是从地面上运去的。

为了摸索将来在太空城种植植物的可能性，苏联多年来在"和平号"和"礼炮号"空间站多次进行了植物栽培和粮食作物生产的实验，从培植小球藻等藻类到各种蔬菜、花卉和粮食作物，让这些植物在太空中经历了从播种到收获的全过程。上百种植物在"和平号"空间站培育成功，他们还在空间站成功地种植了小麦等粮食作物，各种植物已经历从播种、发芽、开花到结果的全部生长过程。

美国曾在1991年实施了"生物圈二号"计划。这个计划是在地面营造一个模拟太空环境，建筑物由玻璃、钢材搭建，8名男女研究人员和大约3800种动植物一起被封闭在内，形成一个密闭式的生态系统，模拟人在太空长期自给自足地生活。但遗憾的是，实验的结果没有想象的那样完美，失败的原因是建筑物内的二氧化碳没有办法处理。现在美国有关部门又对试验重新做了调整。继美国之后，日本正雄心勃勃地在执行"生物圈J"计划，对太空自给自足的生活进行探索。

知 识 库

移居太空的条件

人类移居太空需要具备3个条件：一是要拥有强大的运载工具。二是要知道太空环境对人体的影响。三是要研制出能仿造地球基本生活条件的载人航天器。

链接：太空城市优势多多

太空城市和地球社区相比有四大潜在优势：1. 能持续不断地获得太阳能。2. 资源开发。包括太阳系中的星状物质。3. 巨大的人口承载能力。利用太阳系中自由浮动的天体资源，现在估计它们可以容纳3万亿人口。4. 太空城市与星球定居点比起来能够比较方便地和地球开展贸易。这是因为太空城市的重力不大，可以很好地往地球上出口物质，而较小的重力又让太空城市从地球上进口物质变得比较容易。

◆未来太空城市中人类生活在巨大的玻璃罩里

太空城市的方案设计

建造可供人们长期生活工作的太空城是人类的梦想，可能会成为空间技术发展的必然，有着特别重要的意义。

圆环形的太空城

圆环形的太空城就像是一个大轮胎，它的直径为1800米，里面可供1

◆轮胎样的太空城

万人长久居住。在圆环的上方安装一面巨大的镜子，可以使圆环里的人们享受到充足的阳光——将太阳光折射到圆环中央的镜子上，然后再折射到圆环的百叶窗上，百叶张开，阳光进入，里面为白天；百叶闭合，里面为黑夜。在圆环的中轴上，设计了许多对接装置，靠近圆环的一端是太空港，接送来往人员，运输物资的宇宙飞船在这里停靠。中轴有6根辐射管通道与居民区相连，人们可乘100多米的电梯，通过辐射管道进入中轴，再沿着中轴去工厂上班。

伞架子式的太空城

奥尼尔博士——美国普林斯顿大学物理学教授——长期研究建造太空城。他在1977年出版了《宇宙移民岛》一书，提出了三种宇宙岛设计方案，其中的"奥尼尔三号岛"是一种伞形结构的太空城。伞形太空城像一把张开的伞，伞把是两个巨大的圆筒。在大圆筒里，可

◆奥尼尔圆桶（太空岛3号）

以居住100多万人。伞把的四周是玻璃窗，窗外用挡板遮挡着，盖板内镶着大玻璃，合上盖板，里边就是黑夜，打开盖板，镜子将外边的阳光折射到里边，里边就是白天了。

太空花园

美国太空总署为配合星际探险计划的开展，与波音公司合作研制了一

太空为我所用——太空开发漫谈

种名为"愉快花园"的适应性太空舱。这个太空舱实际上是一个保持受控状态的生命维持系统，就像是一个太空城。在这个系统中，种植了果树、各种花卉和粮食作物，为太空中的人类提供良好的环境，又为他们提供水果和食品。小球藻系统利用整个花园里产生的二氧化碳制造氧气，保持新鲜空气。太空花园还专门设立了运动区，供到这里旅游、参观的客人进行太空运动，运动区的引力相对较弱。

◆太空花园想象图

广角镜——太空集体农庄

日、美和西欧各国在 21 世纪的太空计划中，将植物在密闭的太空舱内进行长期生长试验作为重点研究项目，目的是为了实现太空移民和为长期载人航天作准备。为此，科学家已经开始设计太空集体农庄。目前，太空集体农庄被设计成球冠状。室内温度由外面可以转动的反射镜调节，为植物营造一个像地球上一样的生长环境。土壤还

◆太空"温室"

可以提取氧气和合成水分，这样就可以解决农场工作人员的生活用水问题了。太空农场种植的水果、粮食不洒农药，都是绿色食品。未来的太空农场将全部实现机械化，工人在室内按电钮就可以对农场进行管理了。

向月球吹起了进军的号角
——月球登陆面面观

美国宇航局（NASA）在 2006 年 12 月公布了"月球基地计划"和"全球探索战略"的初步构想。在这个构想的蓝图中，主要是实现登月的目标。2014 年实施"月球探索战略"，2024 年建立月球基地，保障宇航员能连续生活 180 天。为此，美

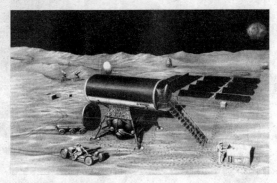

◆月球基地概念图

国宇航局的科学家们还公布了月球基地建立的地点、登载工具等细节。也许不久的将来，人类永久性地登月的美好前景就要实现。

人类如何建立月球基地？

◆矿产资源提取基地

首先，淡水和氧气是人类在月球表面正常生活、居住离不开的两样东西，而月球上既没有空气又没有水，怎么办呢？科学家发现月球的沙土含有很多的氧，他们便提出了用月球沙土制造淡水和氧气的设想。这一设想的实现需要先用铲车自动挖掘月面的沙土，从中筛选出含氧的铁矿物，然后

用氢使含氧铁矿物还原，便可制得淡水了。有了水，氧气和氢气通过电解水就可以得到。氧气经液化贮存，随时可向基地居民供应。最初用做还原剂的氢可以从地球上运来，生产开始后电解水获得的氢即可循环使用。

◆大规模使用太阳能的月球基地想象图

其次，食物供应也是人类要在月球自给自足系统中生活所必需的。近几年来，在太空站上，科学家进行了大量的生物实验，先后培育出了100多种"太空植物"，其中包括玉米、小麦、大豆、燕麦、西红柿、卷心菜、萝卜、甜菜等。实验证明，在太空失重条件下，月球土壤中植物种子发芽率更高，开花或抽穗时间更早，生长更快。因而只要在月球上建立起农业和养殖业基地就可以保证月球上人们的食物来源。

再次，月球基地的能源供应更不成问题。月球上完全可以利用太阳能来供热、照明、采暖、发电。当然，必要时还可以在月球上建立核电站，以保证基地能源的充足供应。

万花筒

据估计，190吨月球沙土含有15～16吨含氧铁矿物，可制得1吨氧气。而1年只需要生产1吨氧便可维持月球上10人生存的需要。

链接：丰富的矿产资源

虽然月球在宇宙中只是亿万星辰中的小小一员，但对人类而言，它有很丰富的矿产资源，几乎地球上所有的元素和矿物质月球上都有，它就像是人类赖以生存的资源存储仓库。

现在，有许多发达国家的科学家都在设想到月球上去建立采矿厂，将矿物运回到地球，来解决人类能源短缺的问题。如今，美国等国家正在忙于研讨关于未来月球冶金工业的建设方案。月球在2025年左右就可能出现第一批冶金工厂，生产液氧和各种金属制件以供建设月球基地、空间站、太阳能电站以及其他各类航天器的需要。

◆美国未来月球表面开发想象图

备战月球基地

◆在测试中的充气式月球居住建筑

◆NASA在摩西莱克沙漠测试用于月球上推土设备

美国国家科学基金会与美国国家航空航天局联手在南极恶劣的环境中测试新型充气式月球太空人居住的建筑，为在月球建立永久栖息地作准备。这种建筑就像孩子们玩的充气气球，近似于一种膨胀设备。它高2.5米，能够提供35.7平方米的空间，完全绝缘和隔热，由电力驱动。在测试期间，工程人员能够通过传感器监视建筑设备内的生活环境。

在偏远的华盛顿州中部摩西莱克沙漠地区，美国国家航空航天局对未来登月设备进行测试。摩西莱克沙漠地区与月球地表有许多相似之处，是月球表面交通工具的最佳测试场所。因为该地区松软、粉末状的土壤里混合有火山灰，与月球

地表的土壤十分相似。这些土壤形成高耸、光滑的沙丘酷似月球表面的山脉。

虽然摩西莱克沙漠地区的地表近似于月球地表，但也有美中不足的地方。例如，月球的重力是地球重力的六分之一，而这个沙漠地区无法达到。

知识库——选择在环形山边建立月球基地

位于月球南极附近的沙克尔顿环形山是建造月球基地的首选理想地点。因为环形山的边缘有80％的时间处于阳光的照射之下。距离该处只有10千米的位置还有两个区域，总共有98％的时间处于阳光的照射之下。生产电力的太阳能设施放置在这些阳光充足的区域，通过微波或电缆与之相连。这样，位于沙克尔顿环形山边缘的区域就可以得到几乎源源不断的太阳能供应。

◆可长期居住的月球村